零基础点对点识图与造价系列

市政工程识图与造价入门

鸿图造价　组编

杨霖华　林镇全　赵小云　主编

本书为“零基础点对点识图与造价系列”之一，根据《建设工程工程量清单计价规范》（GB 50500—2013）《市政工程工程量计算规范》（GB 50857—2013）等标准规范编写，系统介绍了市政工程识图与预算入门必备的基本知识和计算方法与技巧，同时融合了软件的操作使用。全书共 14 章，包括市政工程造价、市政工程图例及基本规定、市政工程识图、土石方工程、道路工程、桥涵工程、隧道工程、管网工程、钢筋工程、水处理工程、路灯工程及拆除工程、市政工程定额与清单计价、市政工程综合案例、市政工程造价软件应用。

本书内容简明实用、图文并茂，适用性和实际操作性较强，特别适用于市政工程、工程造价、工程管理、工程经济等相关工程造价人员学习使用，也可作为大中专学校、职业技能培训学校工程管理、工程造价专业及工程类相关专业的快速培训教材或教学参考书，是工程类管理人员学习工程造价实操知识快速入门的良师益友。

图书在版编目（CIP）数据

市政工程识图与造价入门/鸿图造价组编. —北京：机械工业出版社，2022.1（2024.9 重印）
（零基础点对点识图与造价系列）
ISBN 978-7-111-69113-6

Ⅰ.①市… Ⅱ.①鸿… Ⅲ.①市政工程-工程制图-识图②市政工程-工程造价 Ⅳ.①TU99②TU723.3

中国版本图书馆 CIP 数据核字（2021）第 187337 号

机械工业出版社（北京市百万庄大街 22 号 邮政编码 100037）
策划编辑：闫云霞　　　　责任编辑：闫云霞　刘　晨
责任校对：史静怡　李　婷　封面设计：张　静
责任印制：单爱军
北京虎彩文化传播有限公司印刷
2024 年 9 月第 1 版第 3 次印刷
184mm×260mm · 10.25 印张 · 248 千字
标准书号：ISBN 978-7-111-69113-6
定价：39.00 元

电话服务　　　　　　　　网络服务
客服电话：010-88361066　　机　工　官　网：www.cmpbook.com
010-88379833　　机　工　官　博：weibo.com/cmp1952
010-68326294　　金　书　网：www.golden-book.com
封底无防伪标均为盗版　　机工教育服务网：www.cmpedu.com

编 委 会

组　　编

鸿图造价

主　　编

杨霖华　林镇全　赵小云

副 主 编

陈政杰　张广伟

编　　委

杜云龙　赵　杰　徐志如　秦玉龙

刘佳林　李文竹　宋宛轩　温晴月

赵文浩　靳书征　胡玉磊　赵明合

张　振　林俊男　郑　鹏

前言

PREFACE

工程造价是比较专业的领域，工程造价行业需要大量的造价人才，目前对造价师需求量很大，行业发展前景也很乐观。当前，很多初学造价的人员比较迷茫，除了专业出身的造价人员上手或许要快一些（这也要看个人的实际水平高低），一些转行想要入门造价的人员，上手则比较困难。如果站在基础入门的角度，一本好的图书不仅可以让初学者事半功倍，还可以使他们在工作和学习中信心倍增。

基础入门对于有一定专业背景的人来讲相对是很容易的，他们甚至会觉得这种基础书简直太简单了；但是对于初学造价的人员，基础书的价值不可小觑。任何一个知识盲点都有可能成为他们的绊脚石，他们会觉得书中提到的专业术语为什么没有相应的解释以及为何没有对应的图片可以帮助理解。本书针对以上问题，同时通过市场调研，按照初学者的思路，在学习中对相关的知识点进行了点对点讲解，做到识图有根基，算量有依据，前后呼应，理论与实践兼备。

本书主要是站在初学者的角度去设置，根据《建设工程工程量清单计价规范》（GB 50500—2013）《市政工程工程量计算规范》（GB 50857—2013）《市政工程消耗量定额》等标准规范编写，具有一些不同于同类书的显著特点：

（1）点对点　按照识图和算量的初学者的思路，对在识图和算量的过程中提到的专业名词和术语进行点对点的解释，必要的时候辅以图片或是音视频解释。

（2）针对性强　简单的内容做到极致，将每一章按照不同的分部工程进行划分，每个分部工程里面的知识点以“问题导入+案例导入+算量解析+疑难分析”为主线，以定额和清单为相应辅助的方式进行串通式讲解。

（3）形式新颖　形式上颠覆了传统的先罗列一大堆的基本知识讲解，而是采用直入问题、顺着问题带着疑问去找答案的方式，使读者有一种探其究竟的好奇心理，帮助读者提高阅读学习兴趣。

（4）实践性强　每个知识点的讲解，采用的案例和图片均来源于实际。

（5）碰撞性强　各种知识点的碰撞都会对专业术语进行解释或是图文串讲，真正做到基础入门，做到知识点的碰撞、知识的串联、知识的互通应用。

（6）时效性强　结合新的造价软件进行软件绘图与工程报表的提取，顺应造价新形势的发展。

本书在编写过程中，得到了许多同行的支持与帮助，在此一并表示感谢。由于编者水平有限和时间紧迫，书中难免有错误和不妥之处，望广大读者批评指正。如有疑问，可发邮件至 zjyjr1503@163.com 或是申请加入 QQ 群 811179070 与编者联系。

编　者

目录

CONTENTS

第1章 市政工程造价

1.1 市政工程定额计价

1.1.1 市政工程定额计价的特点

市政工程施工过程中，在一定的施工组织和施工技术条件下，用科学的方法和实践经验相结合，制定为生产质量合格的单位工程产品所必须消耗的人工、材料和机械台班的数量标准，称为市政工程定额，或简称为工程定额。

1. 科学性

定额的科学性表现为生产成果和生产消耗的客观规律与科学的管理方法。定额的编制是用科学的方法确定各项消耗量标准，力求定额水平合理，形成一套系统的、完善的、在实践中行之有效的方法。

2. 法令性

定额的法令性是指定额一经国家、地方主管部门或授权单位颁发，各地区及有关施工企业单位，都必须严格遵守和执行，不得随意改变定额的结构形式和内容，不得任意变更定额的水平，如需要进行调整、修改和补充，必须经授权部门批准。

3. 群众性

定额的制定和执行都具有广泛的群众基础。首先，定额的制定来源于广大群众的生产（施工）活动，是在广泛听取群众意见并在群众直接参与下制定的。其次，定额要依靠广大群众贯彻执行，并通过广大群众的生产（施工）活动，进一步提高定额水平。

4. 统一性

为了使国民经济按照既定的目标发展，需要借助于标准、定额、参数等，对工程建设进行规划、组织、调节、控制。而这些标准、定额、参数必须在一定范围内是一种统一的尺度，才能对项目的决策、设计范围、投标报价、成本控制进行比选和评价。

5. 稳定性和时效性

定额是定与变的统一体。定额在一定时期具有相对的稳定性。但是，任何一种定额都只能反映一定时期的生产力水平，定额应该随着生产的发展而修改、补充或重新编制。

定额的科学性是定额法令性的依据。定额的法令性又是贯彻执行定额的重要保证。定额的群众性则是制定和贯彻定额的可靠基础。

1.1.2 市政工程定额分类及作用

1. 市政工程定额的分类

市政工程定额的种类很多。一般按生产要素、用途与执行范围，可分为以下类型，如图1-1所示。

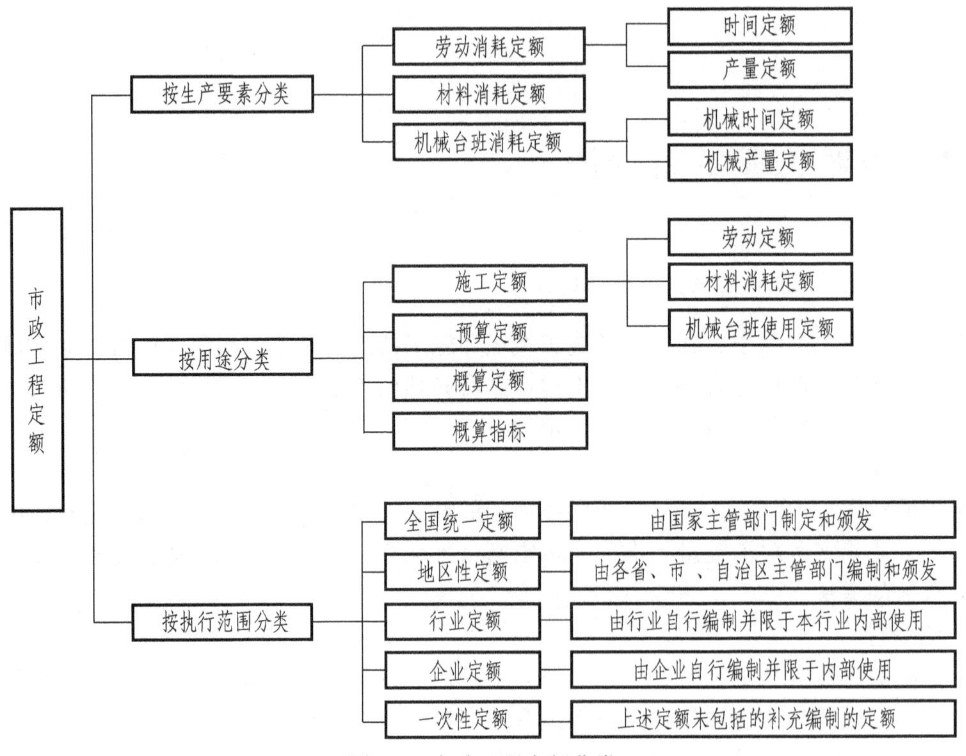

图1-1 市政工程定额分类

2. 市政工程定额的作用

1）定额是国家对工程建设进行宏观调控和管理的手段。

2）定额具有节约社会劳动和提高劳动生产效率的作用。

3）定额有利于建筑市场公平竞争。

4）定额是完成规定计量单位分项工程计价所需的人工、材料、机械台班的消耗量标准。

5）定额是编制施工图预算、招标工程标底、投标报价的依据。

6）定额有利于完善市场的信息系统。

1.2 工程量清单计价

1.2.1 市政工程清单计价的特点

在工程量清单计价方法的招标方式下，由业主或招标单位根据统一的工程量清单项目设置规则和工程量清单计量规则编制工程量清单，鼓励企业自主报价，业主根据其报价，结合质量、工期等因素综合评定，选择最佳的投标企业中标。在这种模式下，标底不再成为评标的主要依据，甚至可以不编标底。从而在工程价格的形成过程中摆脱了长期以来的计划管理色彩，而由市场的参与双方主体自主定价，符合价格形成的基本原理。

工程量清单计价真实反映了工程实际，为把定价自主权交给市场参与方提供了可能。在工程招标投标过程中，投标企业在投标报价时必须考虑工程本身的内容、范围、技术特点要求以及招标文件的有关规定、工程现场情况等因素；同时还必须充分考虑到许多其他方面的因素，如投标单位自己制订的工程总进度计划、施工方案、分包计划、资源安排计划等。这些因素对投标报价有着直接而重大的影响，而且对每一项招标工程来讲都具有其特殊性的一面，所以应该允许投标单位针对这些方面灵活机动地调整报价，以使报价能够比较准确地与工程实际相吻合。而只有这样才能把投标定价自主权真正交给招标和投标单位，投标单位才会对自己的报价承担相应的风险与责任，从而建立起真正的风险制约和竞争机制，避免合同实施过程中发生推诿和扯皮现象，为工程管理提供方便。

与在招标投标过程中采用定额计价方法相比，采用工程量清单计价方法具有如下一些特点。

音频 1-1：工程量清单计价特点

(1) 满足竞争的需要　招标投标过程本身就是一个竞争的过程，招标人给出工程量清单，投标人去填单价（此单价中一般包括成本、利润），填高了中不了标，填低了又要赔本，这时候就体现出了企业技术、管理水平的重要，形成了企业整体实力的竞争。

(2) 提供了一个平等的竞争条件　采用施工图预算来投标报价，由于设计图样的缺陷，不同投标企业的人员理解不一，计算出的工程量也不同，报价相去甚远，容易产生纠纷。而工程量清单报价就为投标者提供了一个平等竞争的条件，相同的工程量，由企业根据自身的实力来填不同的单价，符合商品交换的一般性原则。

(3) 有利于工程款的拨付和工程造价的最终确定　中标后，业主要与中标施工企业签订施工合同，工程量清单报价基础上的中标价就成了合同价的基础，投标清单上的单价也就成了拨付工程款的依据。业主根据施工企业完成的工程量，可以很容易地确定进度款的拨付额。工程竣工后，再根据设计变更、工程量的增减乘以相应单价，业主也很容易确定工程的最终造价。

(4) 有利于实现风险的合理分担　采用工程量清单报价方式后，投标单位只对自己所报的成本、单价等负责，而对工程量的变更或计算错误等不负责任；相应的，对于这一部分风险则应由业主承担，这种格局符合风险合理分担与责权利关系对等的一般原则。

(5) 有利于业主对投资的控制　采用施工图预算形式，业主对因设计变更、工程量的增减所引起的工程造价变化不敏感，往往等竣工结算时才知道这些对项目投资的影响有多大，但此时常常为时已晚。而采用工程量清单计价的方式则一目了然，在要进行设计变更时，能马上知道它对工程造价的影响，这样业主就能根据投资情况来决定是否变更或进行方案比较，以决定最恰当的处理方法。

1.2.2 市政工程清单计价的应用

工程量清单计价不仅仅是一种简单的造价计算方法。其更深层次的意义在于提供了一种由市场形成价格的新的计价模式。其对于推进我国工程造价管理改革的作用是显而易见的。

1）用工程量清单招标符合我国当前工程造价体制改革中“逐步建立以市场形成价格为主的价格机制”的目标。这一目标的本身就是要把价格的决定权逐步交给发包单位、交给施工企业、交给建筑市场，并最终通过市场来配置资源，决定工程价格。它能真正实现通过市场机制决定工程造价。

2）采用工程量清单招标有利于将工程的“质”与“量”紧密结合起来。质量、造价、工期三者之间存在着一定的必然联系，报价当中必须充分考虑到工期和质量因素，这是客观规律的反映和要求。采用工程量清单招标有利于投标单位通过报价的调整来反映质量、工期、成本三者之间的科学关系。

3）有利于业主获得最合理的工程造价。增加了综合实力强、社会信誉好的企业的中标机会，更能体现招标投标宗旨。同时也可为建设单位的工程成本控制提供准确、可靠的依据。

4）有利于标底的管理与控制。在传统的招标投标方法中，标底的正确与否、保密程度如何一直是人们关注的焦点。而采用工程量清单招标方法，工程量是公开的，是招标文件内容的一部分，标底只起到参考和一定的控制作用（即控制报价不能突破工程概算的约束），而与评标过程无关，并且在适当的时候甚至可以不编制标底。这就从根本上消除了标底准确性和标底泄露所带来的负面影响。

5）有利于中标企业精心组织施工、控制成本。中标后，中标企业可以根据中标价及投标文件中的承诺，通过对单位工程成本、利润进行分析，统筹考虑、精心选择施工方案；并根据企业定额合理确定人工、材料、施工机械要素的投入与配置，优化组合，合理控制现场费用和施工技术措施费用等，以便更好地履行承诺，抓好工程质量和工期。

1.2.3 工程量清单计价的基本原理

工程量清单计价的基本原理是以招标人提供的工程量清单为平台，投标人根据自身的技术、财务、管理能力进行投标报价，招标人根据具体的评标细则进行优选，这种计价方式是市场定价体系的具体表现形式。

通常工程量清单计价的基本过程可以描述为，在统一工程量计算规则的基础上，制定工程量清单项目设置规则，根据具体工程的施工图样计算出各个清单项目的工程量，再根据各种渠道所获得的工程造价信息和经验数据计算得到工程造价。工程造价工程量清单计价的基本过程如图 1-2 所示。

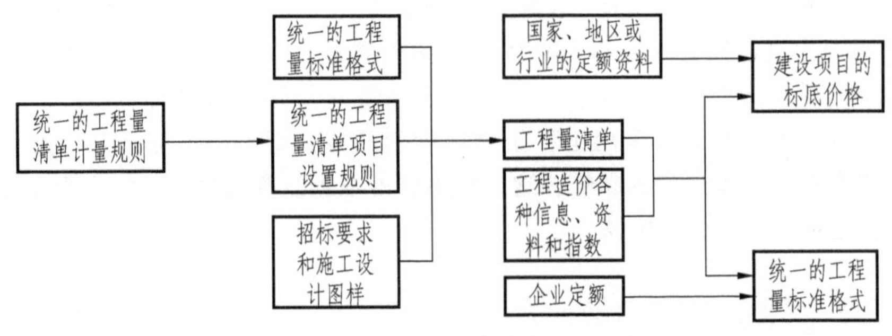

图 1-2　工程造价工程量清单计价的基本过程

从工程量清单计价过程可以看出，其编制过程通常可以分为两个阶段：工程量清单格式的编制和利用工程量清单来编制投标报价。投标报价是在业主提供的工程量计算结果的基础上，根据企业自身所掌握的各种信息、资料，结合企业定额编制。

1.2.4　工程量清单计价存在的主要问题

采用工程量清单计价是国际上普遍使用的通行做法，已经有近百年的历史，具有广泛的适应性，也是比较科学合理、实用的。实际上，国际通行的工程合同文本、工程管理模式等与工程量清单计价也都是相配套的。我国加入 WTO 后，必然伴随着引入国际通行的计价模式。虽然我国已经开始推行招标投标阶段的工程量清单计价方法，但由于处于起步阶段，应用也比较少，从目前来看，在工程量清单计价过程中存在着如下问题。

1. 企业缺乏自主报价的能力

音频 1-2：工程量清单招标存在的问题

工程量清单计价方法实施的关键在于企业的自主报价。但是，由于大多数施工企业未能形成自己的企业定额，在制订综合单价时，多是按照地区定额内各相应子目的工料消耗量，乘以自己在支付人工、购买材料、使用机械和消耗能源方面的市场单价，再加上由地区定额制定的按工程类别的综合管理费率和优惠折扣系数，一个单项报价就生成了。相当于把一个工程按清单内的细目划分变成一个个独立的分部分项工程项目去套用定额，其实质仍旧沿用了定额计价模式去处理。这个问题并不是工程量清单计价法的固有缺点，而是由于应用的不完善造成的。因此，企业定额体系的建立是推行工程量清单计价的重要工作。运用自己的企业定额资料去制订工程量清单中的报价，材料损耗、用工损耗、机械种类和使用办法、管理费用的构成等各项指标都是按本企业的具体情况制订的，表现自己企业施工和管理上的个性特点，增强企业的竞争力。

2. 缺乏与工程量清单计价相配套的工程造价管理制度

目前规范工程量清单计价的制度主要是国家标准《建设工程工程量清单计价规范》，主要包括全国统一工程量清单编制规则和全国统一工程量清单计量规则。但施行工程量清单计价必须配套有详细明确的工程合同管理办法。我国虽然在 2000 年初由建设部颁布实施了《建设工程施工合同（示范文本）》，但在工程量清单计价法推广实施后没有就新的计价办法配合相应的合同管理模式，使得招标投标所确定的工程合同价在实施过程中没有相应的合同管理措施。

3. 对工程量清单计价模式本身的认识还有所欠缺

如前所述，工程量清单计价是与定额计价法相并列的一种计价模式，其核心是为了配合工程价格的管理制度改革。而在工程量清单计价法推广后，工程造价管理部门需要新的观念和新的造价管理模式来适应这项改革工作。

1.2.5　推行工程量清单计价模式采取的措施

除了上述的建立并完善相应的合同管理体制和加深对工程量清单计价法的认识之外，为推行工程量清单计价模式，还需要采取以下措施。

1. 加快施工招标机构的自身建设

加强工程建设招标机构自身建设方面，一是要建立高层次、有权威的工程招标管理机构，扩大工程招标设施的规模，并且提高设施的技术装备水平，不仅把工程施工发包纳入工程招标中心，还要把建设监理、勘察设计、设备采购归拢起来；不仅把一般工业与民用建筑发包，还要把铁路、公路、水电等专业工程纳入工程招标中心。二是实行工程招标管理专业化，建立统一的招标服务机构，专门负责工程报建、信息发布、后勤服务等工作；建立分专业的招标管理机构，协调有关建设管理单位，按照各自的职能对工程招标进行监管。三是对工程招标的各个环节实行规范管理，包括招标信息披露、招标文件发布、现场踏勘、招标文件及设计图样答疑、评分标准、评委组成及其人选资格等，制定标准文本和规范性的操作要求。

2. 加快建筑市场中介组织的建设

由于建筑产品及其生产过程的特殊性，加上业主可能不熟悉建筑市场的体制、运行规则和工程本身，它和承包商也就不可能是地位平等的市场主体。所以，工程中介代理机构在建筑市场中的作用至关重要。中介代理机构的业务范围、资质条件、从业资格如何确定、如何规范设立，是一个亟待解决的问题。应当充分发挥中介机构自己的专业优势，大力拓展招标咨询业务，提高人员素质，积累工作经验，适应工程量清单计价这一新的计价模式。

3. 加强法律、制度建设和宣传教育工作

对业主、承包商、中介组织、管理部门来说，工程量清单计价方法毕竟是一个新事物，需要有一个学习和适应的过程。通过学习借鉴、调查研究和试点城市、试点工程，提高认识，掌握知识，摸索经验。同时，要采取措施普及这方面的知识，使得工程造价管理的从业人员对工程量清单计价方法有全面、系统的认识，为普及这一市场定价模式奠定基础。

1.3 工程量清单计价与按定额计价比较

1.3.1 两者不同之处

工程量清单计价与按定额计价相比有以下几点不同。

音频 1-3：清单优势及定额缺陷

1. 单位工程造价构成形式不同

按定额计价时，单位工程造价由直接工程费、间接费、利润、税金构成，计价时先计算直接费，再以直接费（或其中的人工费）为基数计算各项费用、利润、税金，汇总为单位工程造价。工程量清单计价时，造价由工程量清单费用（∑清单工程量×项目综合单价）、措施项目清单费用、其他项目清单费用、规费、税金五部分构成，做这种划分的考虑是将施工过程中的实体性消耗和措施性消耗分开，对于措施性消耗费用只列出项目名称，由投标人根据招标文件要求和施工现场情况、施工方案自行确定，以体现出以施工方案为基础的造价竞争；对于实体性消耗费用，则列出具体的工程数量，投标人要报出每个清单项目的综合单价。

2. 分项工程单价构成不同

按定额计价时，分项工程的单价是工料单价，即只包括人工、材料、机械费，工程量清单计价分项工程单价一般为综合单价，除了人工、材料、机械费，还要包括管理费（现场管理费和企业管理费）、利润和必要的风险费。采用综合单价便于工程款支付、工程造价的调整和工程结算，也避免了因为“取费”产生的一些无谓纠纷。综合单价中的直接费、费用、利润由投标人根据本企业实际支出及利润预期、投标策略确定，是施工企业实际成本费用的反映，是工程的个别价格。综合单价的报出是一个个别计价、市场竞争的过程。

3. 单位工程项目划分不同

按定额计价的工程项目划分即预算定额中的项目划分，一般土建定额有几千个项目，其划分原则是按工程的不同部位、不同材料、不同工艺、不同施工机械、不同施工方法和材料规格型号，划分十分详细。工程量清单计价的工程项目划分较之定额项目的划分有较大的综合性，新规范中土建工程只有177个项目，它考虑工程部位、材料、工艺特征，但不考虑具体的施工方法或措施，如人工或机械、机械的不同型号等。同时对于同一项目不再按阶段或过程分为几项，而是综合到一起，如混凝土，可以将同一项目的搅拌（制作）、运输、安装、接头灌缝等综合为一项，门窗也可以将制作、运输、安装、刷油、五金等综合到一起，这样能够减少原来定额对于施工企业工艺方法选择的限制，报价时有更多的自主性。工程量清单中的量应该是综合的工程量，而不是按定额计算的“预算工程量”。综合的量有利于企业自主选择施工方法并以之为基础竞价，也能使企业摆脱对定额的依赖，建立起企业内部报价及管理的定额和价格体系。

4. 计价依据不同

这是清单计价和按定额计价的最根本区别。按定额计价的唯一依据就是定额，而工程量清单计价的主要依据是企业定额，包括企业生产要素消耗量标准、材料价格、施工机械配备及管理状况、各项管理费支出标准等。目前可能多数企业没有企业定额，但随着工程量清单计价形式的推广和报价实践的增加，企业将逐步建立起自身的定额和相应的项目单价，当企业都能根据自身状况和市场供求关系报出综合单价时，企业自主报价、市场竞争（通过招标投标）定价的计价格局也将形成，这也正是工程量清单计价所要促成的目标。工程量清单计价的本质是要改变政府定价模式，建立起市场形成造价机制，只有计价依据个别化，这一目标才能实现。

1.3.2　工程量清单计价应遵循的思路

明确了工程量清单计价的特点，再结合评标原则的一些改变，就可以明确工程量清单计价应遵循的思路。

1. 列工程量清单表

招标文件中列出拟建工程的工程量表，即工程量清单。工程量清单应按清单项目划分和计算规则计算，具有一定的综合性。表现为项目较少，同时要列出措施项目清单、其他项目清单，为投标人提供共同的报价基础。

2. 企业自主报价

企业自主报价即企业根据招标文件、工程量表、工程现场情况、施工方案、有关计价依据自行报价。企业报价包括两部分，一是措施项目和其他项目费用，按招标文件列出的项目、施工现场条件、工期要求和企业自身情况报出一笔金额，如招标文件项目不全可以自行补充列项；二是各分项工程的综合单价，综合单价一定要认真填报，考虑各分项应包括的内容，因为报出的单价被视为包括了应有的内容。企业报价是一个重要的计价环节，是形成个别工程造价的过程。

3. 合理低报价中标

招标投标法规定评标有综合评标价法、经评审的最低标价法两种，实行工程量清单招标工程应采用后一种办法，即经评审的最低标价中标，但这一最低标价应该是经说明不低于企业成本的。报价是否低于成本由评标委员会根据国家有关规定认定，如果投标人能够对较低的报价说明理由，即可认为其报价有效。低价中标是工程量清单招标计价的一个重要原则。

4. 签订工程承包合同

确定中标人后，“招标人和中标人应按招标文件和中标人的投标文件订立书面合同”，这是招标投标法的要求。合同中当然包括造价条款，合同一般使用示范文本，示范文本未尽之处可以另行约定。

5. 施工过程中一般调量不调价

招标文件中列出的工程数量表是招标人报价的共同基础，如工程量有误或施工中发生变化，工程量可以按实调整，但综合单价和准备与措施费一般不调整。如果变更工程项目清单中未包括，双方可以协商一个变更项目的综合单价。

6. 业主按完成工程量支付工程款

由于约定了项目单价，工程款支付及调整比较简单，只要业主对已完成工程量及调整工程量认定后，按中标单价支付即可。

7. 工程结算价等于合同价加索赔

这里将所有的工程造价变更、调整、费用补偿都视为索赔，那么工程结算等于合同价加索赔，这时的工程结算已无须审查，按合同中所定单价、已认定工程量计算即可。工程量清单计价使工程款支付、造价调整、工程结算都变得相对简单。

8. 以相关保函制度作为实施条件

实行工程量清单计价要建立相应的保函制度，这里主要是指履约保函，包括中标人的履约保函和业主的工程款支付保函。重点应是业主的工程支付保函，否则现阶段不规范的建筑市场中低价中标可能会成为业主压价的理由，如果工程款再没有保证会造成一定混乱。当然履约保函是双方的。

工程量清单计价的基本思路如上所述。相对于定额预结算的计价形式，工程量清单计价在计价程序、计价依据、评标原则等方面都有不同，是一种新的计价形式，其主要特点在于体现出工程计价的个别性、竞争性。工程量清单计价作为计价体制改革的一项具体措施，虽然不具有强制性，但是一种趋势，计价工作者无论如何都要接受、掌握、运用这种计价形式。价格体制改革、入世后与国际计价惯例接轨的要求都使得清单计价形式的推广显得必要和迫切，建筑产品价格体制不能总是落后于市场经济体制、违背市场经济规律。当然工程量清单计价需要一个统一的规则，但其基本思路是一致的。造价管理部门、各计价主体都要了解、掌握、运用这种计价形式，尽快建立、完善市场定价的运行机制。

第2章 市政工程图例及基本规定

2.1 市政工程施工常用图例

2.1.1 市政道路工程常用图例

市政道路工程常用图例见表2-1、表2-2。

表2-1 市政道路工程常用图例

项目	序号	名称		图例
平面	1	涵洞		
	2	通道		
	3	分离式立交	a)主线上跨	
			b)主线下穿	
	4	桥梁 (大、中桥按实际长度绘)		
	5	互通式立交 (按采用形式绘)		
	6	隧道		
	7	养护机构		
	8	管理机构		

（续）

项目	序号	名称		图例
平面	9	防护网		
	10	防护栏		
	11	隔离墩		
纵断面	12	箱涵		
	13	管涵		
	14	盖板涵		
	15	拱涵		
	16	箱形通道		
	17	桥梁		
	18	分离式立交	a）主线上跨	
			b）主线下穿	
	19	互通式立交	a）主线上跨	
			b）主线下穿	
材料	20	细粒式沥青混凝土		
	21	中粒式沥青混凝土		
	22	粗粒式沥青混凝土		
	23	沥青碎石		
	24	沥青贯入碎砾石		
	25	沥青表面处置		
	26	水泥混凝土		

（续）

项目	序号	名称	图例
材料	27	钢筋混凝土	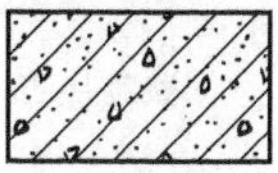
	28	水泥稳定土	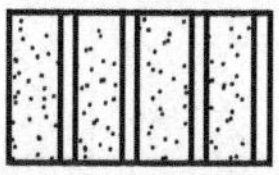
	29	水泥稳定砂砾	
	30	水泥稳定碎砾石	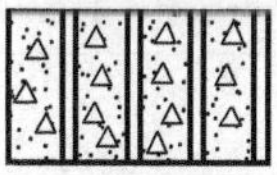
	31	石灰土	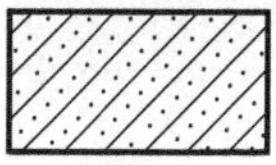
	32	石灰粉煤灰	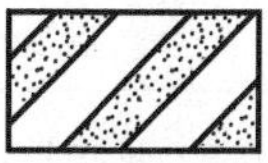
	33	石灰粉煤灰土	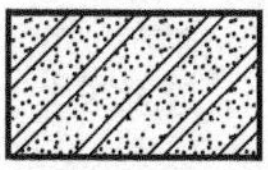
	34	石灰粉煤灰砂砾	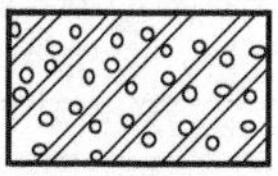
	35	石灰粉煤灰碎砾石	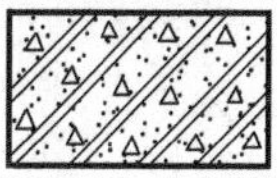
	36	泥结碎砾石	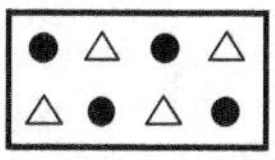
	37	泥灰结碎砾石	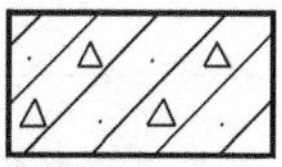
	38	级配碎砾石	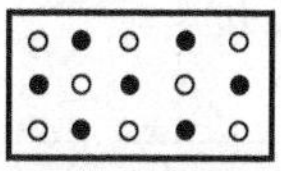
	39	填隙碎石	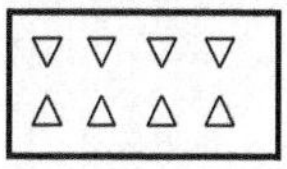
	40	天然砂砾	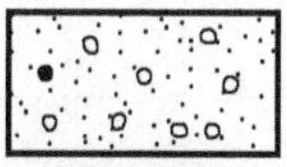
	41	干砌片石	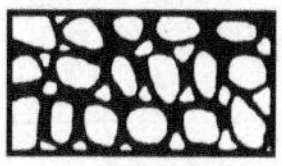
	42	浆砌片石	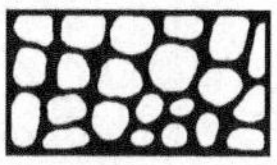

（续）

项目	序号	名称		图例
材料	43	浆砌块石		
	44	木材	横	
			纵	
	45	金属		
	46	橡胶		
	47	自然土		
	48	夯实土		

表 2-2　市政道路工程平面设计图图例

图例	名称	图例	名称
3　6　n×3　2	平箅式雨水口（单、双、多箅）	实际长度　宽度实际　≥4	台阶、坡道
	偏沟式雨水口（单、双、多箅）	1.5	盲沟
	联合式雨水口（单、双、多箅）	实际长度　4　按管道图例	管道加固
DN××　L=××m	雨水支管	实际长度　1.5	水簸箕、跌水
4 1 4 1　1	标注	1.5	挡土墙、挡水墙
1　10　10　1	护栏		铁路立交（长、宽角按实际绘）

（续）

图例	名称
	边坡、排水沟及地区排水方向
	干浆砌片石（大面积）
	拆房（拆除其他建筑物及刨除旧路面相同）
3	护坡、边坡加固
6 2	边沟过道（长度超过规定时按实际长度绘）
实际长度 实际宽度	大中小桥（大比例尺时绘双线）
2	涵洞（一字洞口）（需绘洞口具体做法及采取导流措施时，宽度按实际宽度绘制）
2	涵洞（八字洞口）（需绘洞口具体做法及采取导流措施时，宽度按实际宽度绘制）
4 实际长度 4 2	倒虹吸
实际长度 实际净跨 实际宽度	过水路面、混合式过水路面

图例	名称
实际宽度 1.5 1.5	铁路道口
实际长度 2 5 5	渡槽
2 起止桩号	隧道
实际长度 2 起止桩号	明洞
实际长度	栈桥（大比例尺时绘双线）
雨 升降标高	拆迁、伐树、迁移、升降雨水口、探井等
	边坡、收井等（加粗）
12k $d=10$	整公里桩号
	街道及公路立交按设计实际形状（绘制各部组成）参用有关图例

2.1.2　市政路面结构材料断面图例

市政路面结构材料断面图例见表 2-3。

表 2-3　市政路面结构材料断面图例

图例	名称	图例	名称	图例	名称
	单层式沥青表面处理		双层式沥青表面处理		沥青砂黑色石屑（封面）

（续）

图例	名称	图例	名称	图例	名称
	黑色石屑碎石		级配砾石		矿渣
	沥青混凝土		碎石、破碎砾石		级配砂石
	加筋水泥混凝土		粗砂		水泥稳定土或其他加固土
	石灰焦渣土		焦渣		浆砌块石

2.2 市政工程施工图的基本规定

音频 2-1：图框的建立

2.2.1 图幅及图框

1）图幅及图框尺寸应符合表 2-4 的规定。

表 2-4 图幅及图框尺寸 （单位：mm）

尺寸代号图幅代号	A0	A1	A2	A3	A4
$b\times l$	841×1189	594×841	420×594	297×420	210×297
a	35	35	35	30	25
c	10	10	10	10	10

2）需要缩微后存档或复制的图纸，图框四边均应具有位于图幅长边、短边重点的对中标志，如图 2-1 所示，并应在下图框线的外侧，绘制一段长 100mm 标尺，其分隔为 10mm。对中标志的线宽宜采用大于或等于 0.5mm，标尺线的线宽宜采用 0.25mm 的实线绘制，如图 2-2 所示。

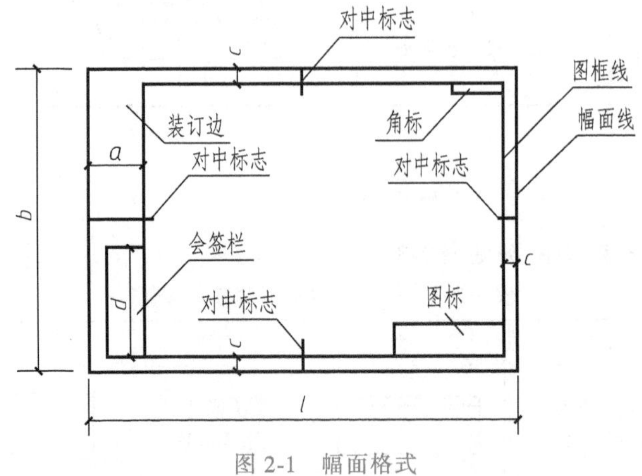

图 2-1 幅面格式

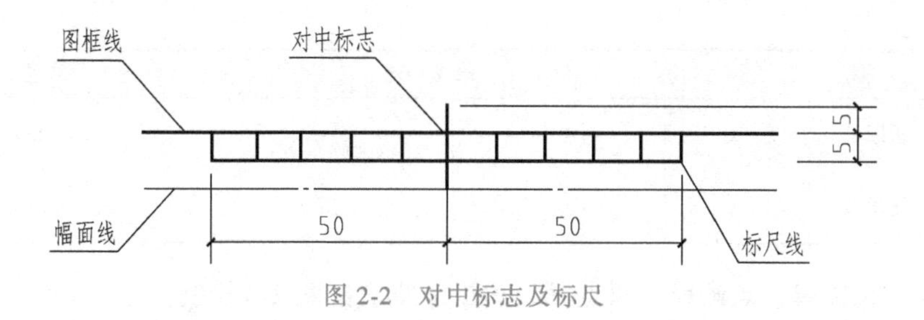

图 2-2　对中标志及标尺

3）图幅的短边不得加长。长边加长的长度，图幅 A0、A2、A4 应为 150mm 的整倍数；图幅 A1、A3 应为 210mm 的整倍数。

2.2.2　图线及比例

1. 图线

1）图线的宽度（b）应从 2.0，1.4，1.0，0.7，0.5，0.35，0.25，0.18，0.13（mm）中选取。

2）每张图上的图线线宽不宜超过 3 种。基本线宽（b）应根据图样比例和复杂程度确定。线宽组合宜符合表 2-5 的规定。

表 2-5　线宽组合

线宽类别	线宽系列/mm				
b	1.4	1.0	0.7	0.5	0.35
$0.5b$	0.7	0.5	0.35	0.25	0.25
$0.25b$	0.35	0.25	0.18(0.2)	0.13(0.15)	0.13(0.15)

注：表中括号内的数字为代用的线宽。

3）图纸中常用线型及线宽应符合表 2-6 的规定。

表 2-6　常用线型及线宽

名称	线型	线宽
加粗粗实线	————	$(1.42\sim2.0)b$
粗实线	————	b
中粗实线	————	$0.5b$
细实线	————	$0.25b$
粗虚线	— — — —	b
中粗虚线	— — — —	$0.5b$
细虚线	— — — —	$0.25b$
粗点画线	—— - —— - ——	b
中粗点画线	—— - —— - ——	$0.5b$
细点画线	—— - —— - ——	$0.25b$
粗双点画线	—— - - —— - - ——	b
中粗双点画线	—— - - —— - - ——	$0.5b$
细双点画线	—— - - —— - - ——	$0.25b$

（续）

名称	线型	线宽
折断线		0.25*b*
波浪线		0.25*b*

4）虚线、长虚线、点画线、双点画线和折断线应按图 2-3 绘制。

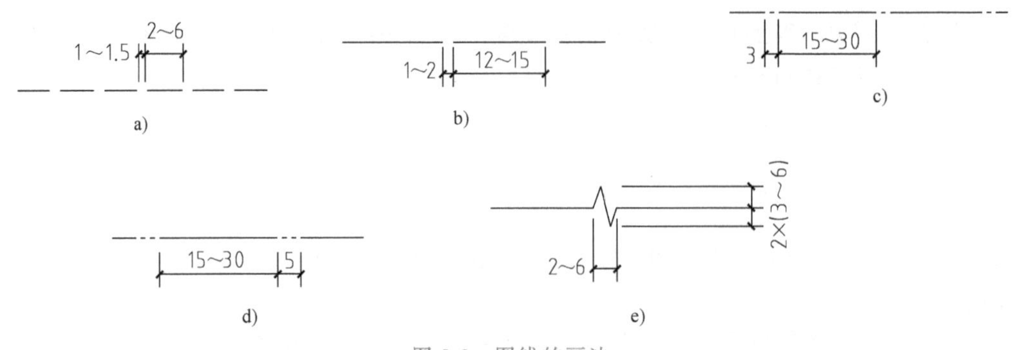

图 2-3　图线的画法

a）虚线　b）长虚线　c）点画线　d）双点画线　e）折断线

5）相交图线的绘制应符合下列规定：

①当虚线与虚线或虚线与实线相交时，不应留空隙，如图 2-4a 所示。

②当实线的延长线为虚线时，应留空隙，如图 2-4b 所示。

③当点画线与点画线或点画线与其他图线相交时，交点应设在线段处，如图 2-4c 所示。

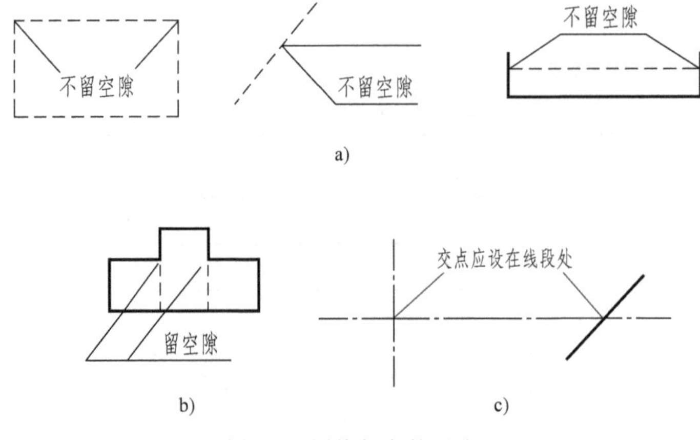

图 2-4　图线相交的画法

a）虚线与虚线或虚线与实线相交　b）实线的延长线为虚线

c）点画线与点画线或点画线与其他图线相交

6）图线间的净距不得小于 0.7mm。

2. 比例

音频 2-2：比例

1）绘图的比例，为图形线性尺寸与相应实物实际尺寸之比。比例大小即为比值大小，如 1∶50 大于 1∶100。

2）绘图比例的选择，应根据图面布置合理、匀称、美观的原则，按图形大小及图面复杂程度确定。

3）比例应采用阿拉伯数字表示，宜标注在视图图名的右侧或下方，字高可为视图图名字高的0.7倍，如图2-5a所示。

当同一张图纸中的比例完全相同时，可在图标中注明，也可在图纸中适当位置采用标尺标注。当竖直方向与水平方向的比例不同时，可用V表示竖直方向比例，用H表示水平方向比例，如图2-5b所示。

A－A
1:10

1－1　1:10

a)

H 0　50　100m
V 0　5　10m

b)

图2-5　比例的标注

a）比例标注于图名右侧或下方　b）标尺标注比例

2.2.3　字体

图面上经常需要用汉字、数字和字母来标注尺寸，以及对图示进行有关的文字说明。若字迹潦草，会影响图面的整洁美观，导致辨认困难或引起读图错误，造成工程事故，给国家和社会带来巨大损失。因此，要求字体端正、笔画清晰、排列整齐，标点符号清楚正确，而且采用规定的字体并按规定的大小书写。

1. 汉字

道路工程图中的汉字应采用长仿宋字。汉字宽度与高度的比例为2∶3，如图2-6所示。字体的高度即为字号，汉字的高度最小不宜小于3.5mm，其字高比例即字高和字宽的关系，见表2-7。

图2-6　长仿宋字的高宽比

表2-7　长仿宋字的高、宽尺寸　（单位：mm）

字高	20	14	10	7	5	3.5	2.5
字宽	14	10	7	5	3.5	2.5	1.8

2. 数字和字母

数字和字母的笔画宽度宜为字高的1/10。大写字母的字宽宜为字高的2/3，小写字母的字宽宜为字高的1/2。数字与字母的字体有直体和斜体两种形式，同一册图样中的数字和字母一般应保持一致。数字与字母若与汉字同行书写，其字高应比汉字小一号。数字和字母示例如图2-7所示。

图 2-7 数字和字母示例

2.2.4 尺寸标注

1）尺寸应标注在视图醒目的位置。计量时，应以标注的尺寸数字为准，不得用量尺直接从图中量取。尺寸应由尺寸界线、尺寸线、尺寸起止符和尺寸数字组成。

2）尺寸界线与尺寸线均应采用细实线。尺寸起止符宜采用单边箭头表示，箭头在尺寸界线的右边时，应标注在尺寸线之上；反之，应标注在尺寸线之下。箭头大小可按绘图比例取值。尺寸起止符也可采用斜短线表示。把尺寸界线按顺时针转 45°，作为斜短线的倾斜方向。在连续表示的小尺寸中，也可在尺寸界线同一水平的位置，用黑圆点表示尺寸起止符。

音频 2-3：尺寸标注

尺寸数字宜标注在尺寸线上方中部。当标注位置不足时，可采用反向箭头。最外边的尺寸数字，可标注在尺寸界线外侧箭头的上方；中部相邻的尺寸数字，可错开标注。

3）尺寸界线的一端应靠近所标注的图形轮廓线，另一端宜超出尺寸线 1~3mm。图形轮廓线、中心线也可作为尺寸界线。尺寸界线宜与被标注长度垂直；当标注困难时，也可不垂直，但尺寸界线应相互平行。

4）尺寸线必须与被标注长度平行，不应超出尺寸界线，任何其他图线均不得作为尺寸线。在任何情况下，图线不得穿过尺寸数字。相互平行的尺寸线应从被标注的图形轮廓线由近向远排列，平行尺寸线间的间距可在 5~15mm，分尺寸线应离轮廓线近，总尺寸线应离轮廓线远，如图 2-8 所示。

5）尺寸数字及文字书写方向应按图 2-9 标注。

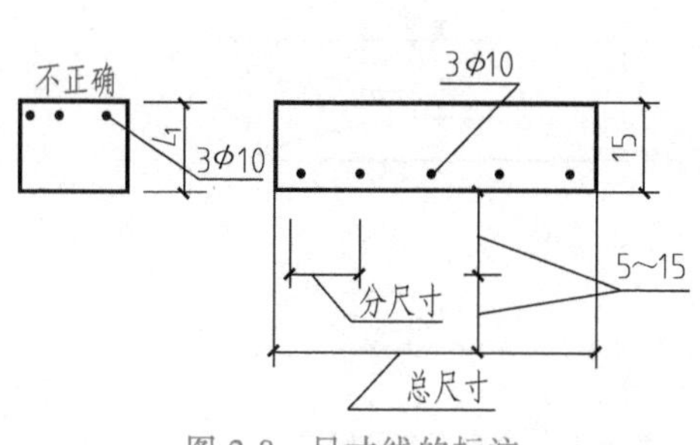

图 2-8　尺寸线的标注

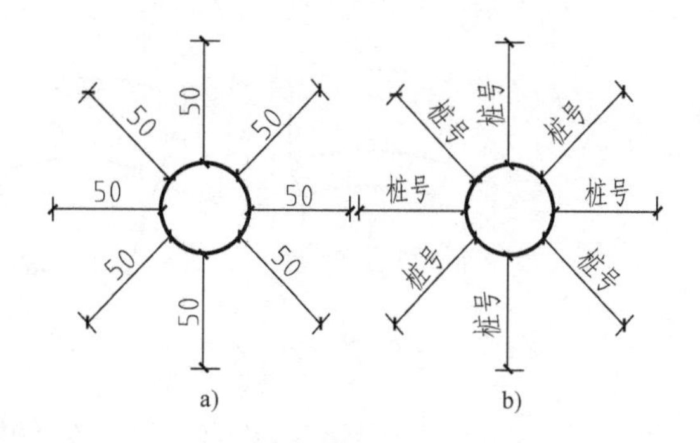

图 2-9　尺寸数字及文字的标注

a）尺寸数字标注　b）尺寸文字标注

6）当用大样图表示较小且复杂的图形时，其放大范围应在原图中采用细实线绘制圆形或以较规则的图形圈出，并用引出线标注，如图 2-10 所示。

7）引出线的斜线与水平线应采用细实线，其交角 α 可按 90°、120°、135°、150°绘制。当视图需要文字说明时，可将文字说明标注在引出线的水平线上，如图 2-10 所示。当斜线在一条以上时，各斜线宜平行或交于一点，如图 2-11 所示。

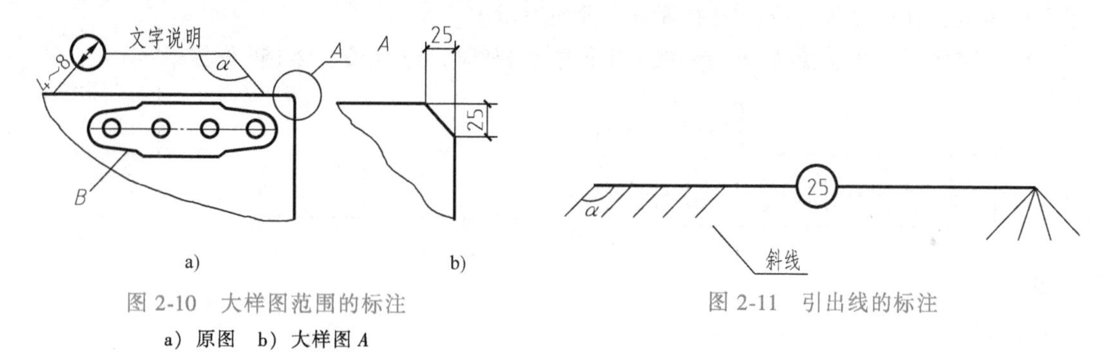

图 2-10　大样图范围的标注

a）原图　b）大样图 A

图 2-11　引出线的标注

8）半径与直径可按图 2-12a 标注。当圆的直径较小时，半径与直径可按图 2-12b 标注；当圆的直径较大时，半径尺寸的起点可不从圆心开始，如图 2-12c 所示。半径和直径的尺寸数字前，应标注“$r(R)$”或“$d(D)$”。

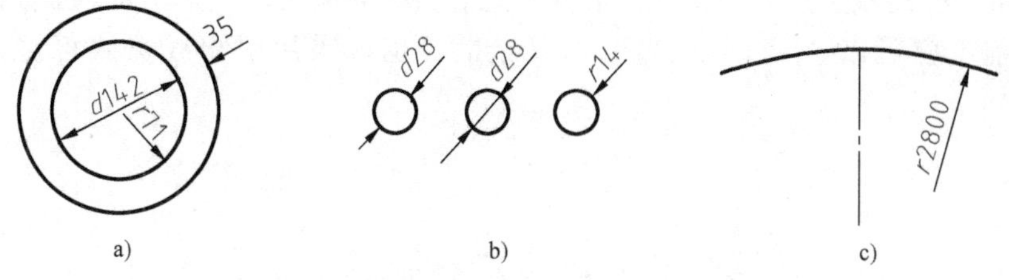

图 2-12　半径与直径尺寸的标注

a）半径与直径尺寸标注　b）较小圆半径与直径尺寸标注　c）较大圆半径与直径尺寸标注

9）圆弧尺寸宜按图 2-13a 标注。当弧长分为数段标注时，尺寸界线也可沿径向引出，如图 2-13b 所示。弦长的尺寸界线应垂直圆弧的弦，如图 2-13c 所示。

10）角度尺寸线应以圆弧表示，角的两边为尺寸界线。角度数值宜写在尺寸线上方中

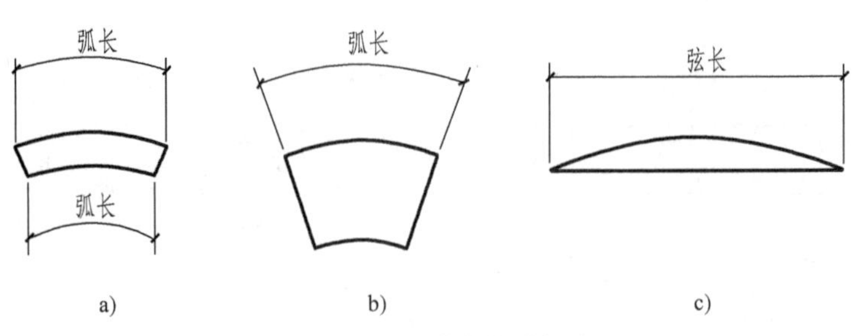

图 2-13　弧、弦的尺寸标注
a）圆弧尺寸的标注　b）弧长分为数段时尺寸标注　c）弦长尺寸标注

部，当角度太小时，可将尺寸线标注在角的两条边的外侧。角度宜按图 2-14 标注。

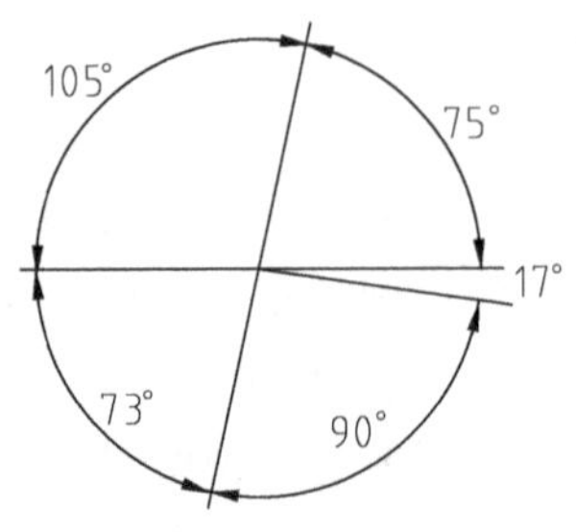

图 2-14　角度的标注

尺寸的简化画法应符合下列规定：

① 连续排列的等长尺寸可采用“间距数乘间距尺寸”的形式标注，如图 2-15 所示。

② 两个相似图形可仅绘制一个。未示出图形的尺寸数字可用括号表示。如有数个相似图形，当尺寸数值各不相同时，可用字母表示，其尺寸数值应在图中适当位置列表示出。

11）倒角尺寸可按图 2-16a 标注，当倒角为 45°时，也可按图 2-16b 标注。

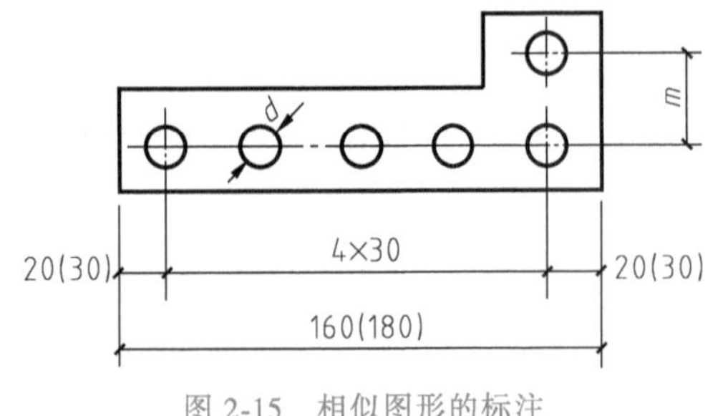

图 2-15　相似图形的标注

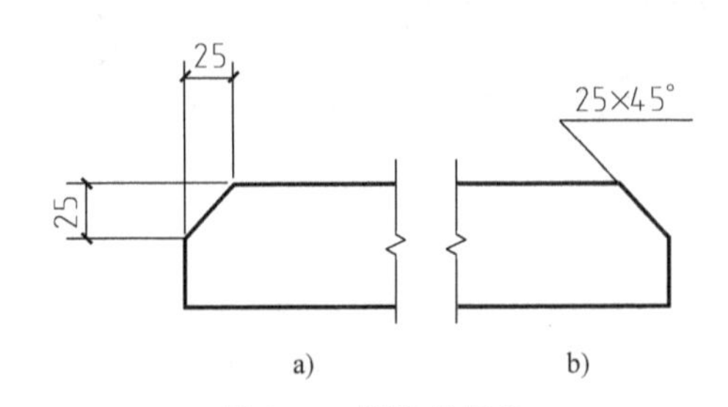

图 2-16　倒角的标注
a）倒角尺寸标注　b）45°倒角尺寸标注

12）标高符号应采用细实线绘制的等腰三角形表示。顶角应指至被注的高度，顶角向上、向下均可。标高数字宜标注在三角形的右边。负标高应冠以“-”号，正标高（包括零标高）数字前不应冠以“+”号。当图形复杂时，也可采用引出线形式标注，如图 2-17 所示。

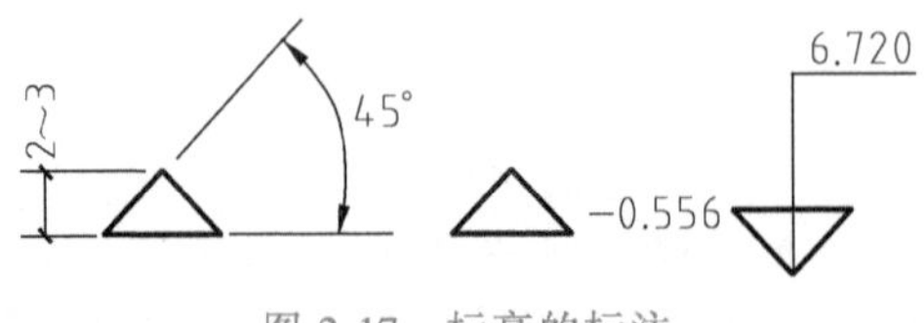

图 2-17　标高的标注

13）当坡度值较小时，坡度的标注宜用百分率表示，并应标注坡度符号。坡度符号应由细实线、单边箭头以及在其上标注百分数组成。坡度符号的箭头应指向下坡。当坡度值较大时，坡度的标注宜用比例的形式表示，例如 1∶n，如图 2-18 所示。

14）水位符号应由数条上长下短的细实线及标高符号组成，细实线间的间距宜为 1mm，如图 2-19 所示。

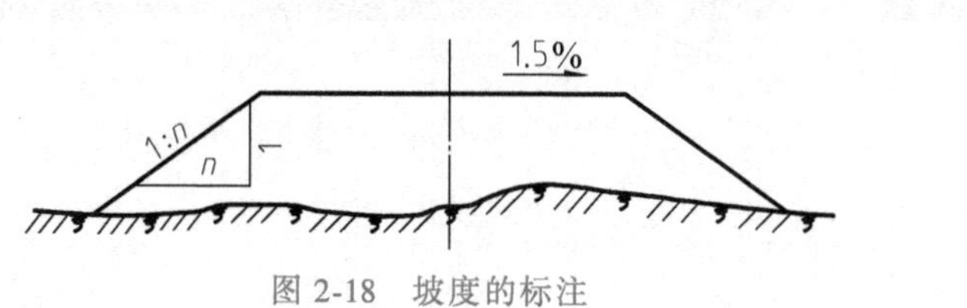

图 2-18　坡度的标注

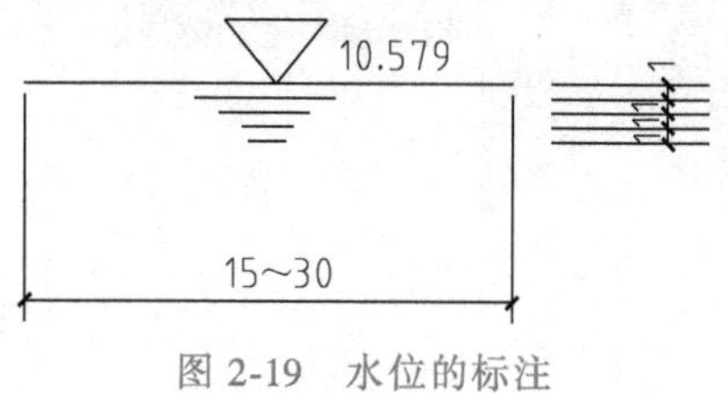

图 2-19　水位的标注

第3章 市政工程识图

3.1 道路工程识图

3.1.1 道路平面图

1. 地形部分

（1）比例 为了清晰地表示图样，根据地形起伏情况的不同，地形图采用不同的比例。一般在山岭区采用1：2000，丘陵和平原地区采用1：5000。

（2）坐标网与指北针 在路线平面图上应画出坐标网或指北针，作为指出公路所在地区的方位与走向，同时坐标或指北针又可作为拼接图线时校对之用。

（3）等高线 地形情况一般采用等高线或地形点表示。由于城市道路一般比较平坦，因此多采用大量的地形点来表示地形高程。等高线越密，表示地势越陡，等高线越稀表示地势越平坦。

2. 路线部分

（1）路线表示 道路规划红线是道路的用地界限，常用双点画线表示。道路规划红线范围内为道路用地，一切不符合设计要求的建筑物、构筑物、各种管线等需拆除。

城市道路中心线一般采用细点画线表示。由于路线平面图所采用的绘图比例较小，公路的宽度无法按实际尺寸画出，因此，在路线平面图中，路线用粗实线沿着路线中心线表示。

（2）里程桩号 里程桩号反映了道路各段长度及总长，一般在道路中心线上。从起点到终点，沿前进方向注写里程桩，也可向垂直道路中心线方向引一细直线，再在图样边上注写里程桩号。如K120+500，即距路线起点为120500m。如里程桩号直接注写在道路中心线上，则“+”号位置即为桩的位置。

（3）平面线形 路线的平面线形有直线形和曲线形。对于曲线形路线的公路转弯处在平面图中是用交角点编号来表示的。路线平面图中，对曲线还需标出曲线起点ZY（直圆）、曲线中点QZ（曲中）、曲线终点YZ（圆直）的位置；对带有缓和曲线的路线则需标出ZH（直缓）、HY（缓圆）、YZ（圆中）、YH（圆缓）、HZ（缓直）的位置。

3. 道路平面图识读

道路平面图识读一般按下列方法：

1）仔细观察图形，根据平面图图例及等高线的特点，了解该图样反映的地形地物状况、地面各控制点高程、构筑物的位置、道路周围建筑的情况及性质、已知水准点的位置及编号、坐标网参数或地形点方位等。

2）依次阅读道路中心线、规划红线、机动车道、非机动车道、人行道、分隔带、交叉口及道路中心曲线设置情况等。

3）道路方位及走向，路线控制点坐标、里程桩号等。

4）根据道路用地范围了解原有建筑物及构筑物的拆除范围，以及拟拆除部分的性质、数量，所占农田性质及数量等。

音频3-1：道路平面图识读

5）结合路线纵断面图掌握道路的填挖工程量。

6）查出图中所标注水准点位置及编号，根据其编号到有关部门查出该水准点的绝对高程，以备施工中控制道路高程。

3.1.2　道路横断面图

城市道路横断面图包括标准横断面图和施工横断面图两大类。

标准横断面图：道路各路段的代表性横断面图。在城市道路设计中，其内容包括道路总宽度（即道路建筑红线宽度）、机动车道、非机动车道、人行道、分隔带、缘石、绿化等组成部分的位置和尺寸，以及地下地上管线位置、间距等，如图3-1所示。

施工横断面图：由标准断面图的顶面轮廓线与实地面线按纵断面设计的高程关系组合在一起得到的横断面图。

城市道路横断面设计一般要用1∶100或1∶200的地形图。

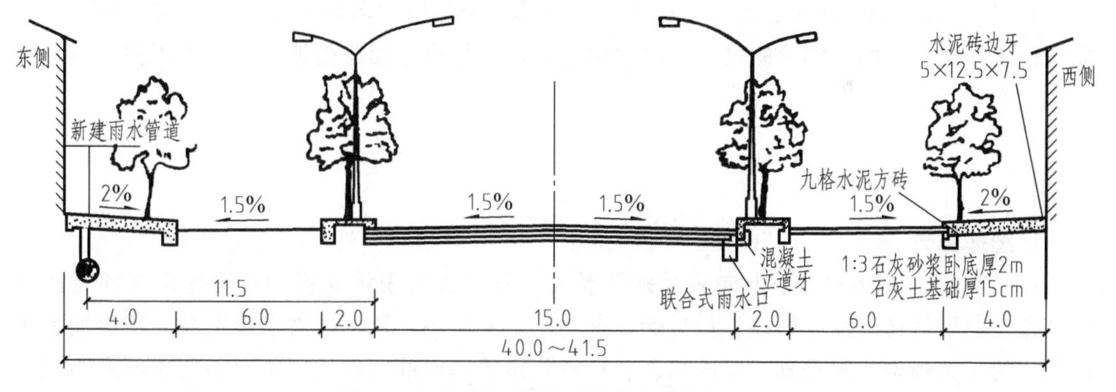

图3-1　城市道路横断面设计图（单位：m）

1. 识图内容

1）各中心桩处设计路基横断面情况，如边坡的坡度、水沟形式等。

2）原地面横向地面起伏情况。

3）各桩号设计路线中心线处的填方高度、挖方高度、填方面积、挖方面积。

2. 识图方法

道路横断面图一般按下列方法识读：

1）城市道路横断面的设计结果是采用标准横断面设计图表示的。图样中要表示出机动车道、非机动车道、人行道、绿化带及分隔带等几大部分。

2）城市的道路地上有电力、电信等设施，地下有给水管、排水管、污水管、煤气管、地下电缆等公用设施的位置、宽度、横坡度等，称为标准横断面图，如图 3-2 所示。

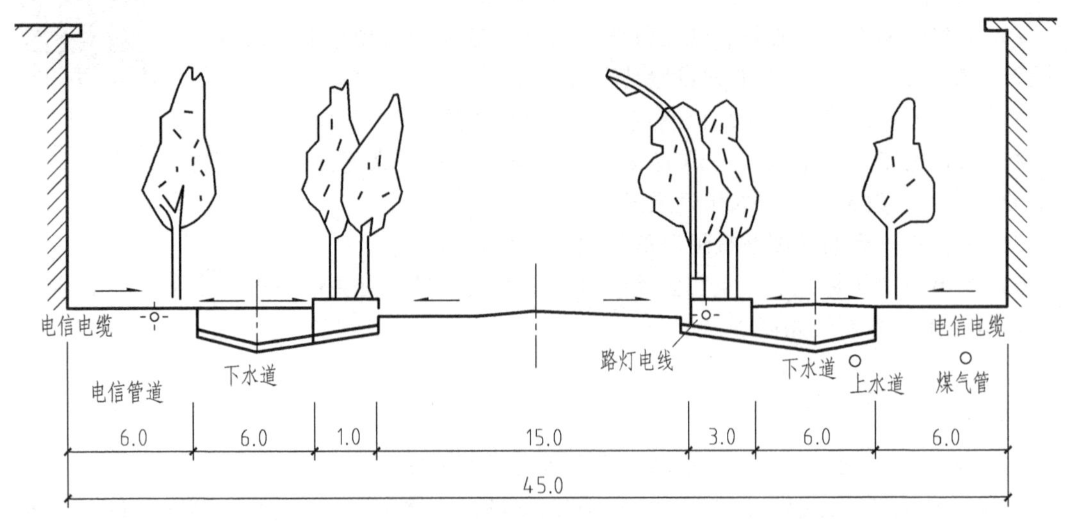

图 3-2　城市道路横断面图（单位：m　比例 1：200）

3）城市道路横断面图的比例，一般视等级要求及路基断面范围而定，一般采用 1：100、1：200 的比例，很少采用 1：1000、1：2000 的比例。

4）用细点画线段表示道路中心线，车行道、人行道用粗实线表示，并注明构造情况，标明排水横坡度，图示出红线位置。

5）图中的绿地、房屋、河流、树木、灯杆等要用相应的图例示出；用中实线图示出分隔带设置情况；标明各部分的尺寸，尺寸单位为米；与道路相关的地下设施用图例示出，并注以文字及必要的说明。

3.1.3　道路纵断面图

1. 图样部分

（1）比例　图样中水平方向表示路线长度，垂直方向表示高程。由于地面线和设计线的高差比起路线的长度小得多，如果铅垂向与水平向用同一比例画就很难把高差明显地表达出来。为了清晰地反映垂直方向的高差，所以规定铅垂向的比例比水平向的比例放大 10 倍，一般在山岭区，水平向采用 1：2000，垂直方向为 1：200，在丘陵区和平原区因地形变化较小，所以水平向采用 1：5000，铅垂向采用 1：500。一条公路纵断面图有若干张，应在第一张的适当位置（在图样右下角图标内或左侧竖向标尺处）注明铅垂、水平向所用比例。

（2）地面线　图样中不规则的细折线表示沿道路设计中心线处的地面线。具体画法是将水准测量所得各桩的高程按铅垂向 1：200 的比例，点绘在相应的里程桩上；然后顺次把各点用直尺连接起来，即为地面线，地面应用实线画出。

（3）路面设计高程线　图上比较规则的直线与曲线相间的粗实线称为设计坡度，简称设计线，表示路基边缘的设计高程。它是根据地形、技术标准等设计出来的，设计线用粗实线画出。高程标尺应布置在测设数据表的上方左侧，如图 3-3 所示。

（4）竖曲线　在设计路面纵向坡度变更处，两相邻坡度之差的绝对值超过一定数值时，为有利于车辆行驶，应在坡度变更处设置圆形竖曲线。竖曲线分为凸形和凹形两种，分别用“┌┬┐”和“└┬┘”符号表示，并在其上标注竖曲线的半径 *R*、切线长 *T* 和外距 *E*，如图 3-4 所示。

(5) 桥梁构造物　当路线上有桥涵时，应在设计线上方（或下方）桥涵的中心位置处标出桥涵名称、种类、大小及中心里程桩号，并采用“O”符号来表示。在新建的大、中桥梁处还应标出水位标高。

(6) 水准点　沿线设置的水准点，都应按所在里程标注在设计线的上方（或下方），并标出其编号、高程和路线的相对位置，如图 3-5 所示。

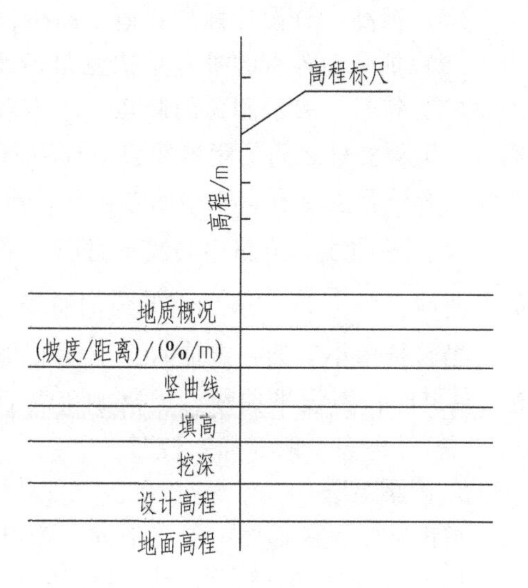

图 3-3　纵断面图的布置

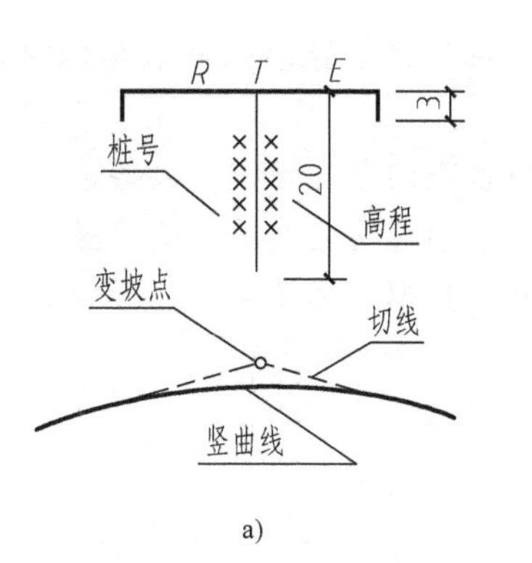

a)

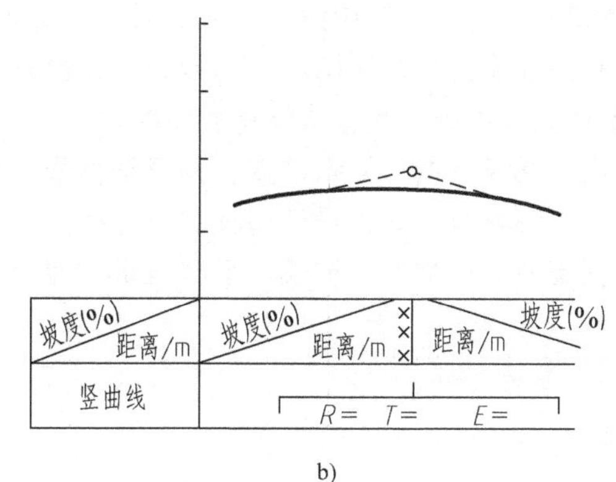

b)

图 3-4　竖曲线的标注

a）标注在水平细实线上方　b）标注在测设数据表内

2. 资料表

(1) 地质情况　根据道路路段上土质变化情况，注明各段土质名称。

(2) 坡度/坡长　是指设计线的纵向坡度和长度，表的第二栏中第一分格表示一坡度，对角线表示坡度的方向，先低后高表示上坡，先高后低表示下坡。对角线上方数字表示坡度，下方数字表示坡长，坡长以 m 为单位。如在不设坡度的平路范围内，则在格中画一水平线，上方注数字“0”，下方注坡长。各分格线为变坡点位置，应与竖曲线中心线对齐。

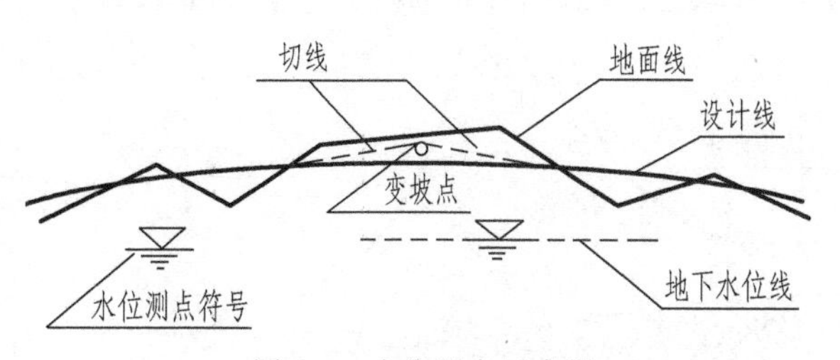

图 3-5　水位测点示意图

(3) 填挖情况　路线的设计线低于地面线时，需要挖土；路线的设计线高于地面线时，需要填土。这一项的各个数据是各点（桩号）的地面标高减设计标高的差。

（4）标高　分设计标高和地面标高，它们和图样相对应，两者之差就是挖填的数值。

（5）桩号　各点的桩号是按测量所测的里程填入表内，单位为 m。有些数据前有 ZY、QZ 和 YZ 符号，表示圆弧的起点、中点和终点，后面的数据表示起点、中点和终点的里程桩号，里程桩号之间的距离在表中按横向比例列入。因此，图中的设计线、地面线、竖曲线和涵洞等位置以及资料表中的各个项目都要与相应的柱号对齐。

（6）平曲线　道路中心线示意图，平曲线的起止点用直角折线，“‾|_|‾”表示左偏角的平曲线；“_|‾|_”表示右偏角的曲线。两铅垂线间的距离为曲线长度。

当转折角小于某一定值时，不设平曲线，“定值”随公路等级而定。如四级公路的转折角 $\alpha \leq 5°$时，不设平曲线，但需画出转折方向。用“V”符号表示路线向左转弯，若是用“∧”符号则表示路线向右转弯。

3. 识图方法

识读道路纵断面图一般按下列方法识读：

1）根据图样的横、竖比例读懂道路沿线的高程变化，并对照资料表了解确切高程。

2）竖曲线的起止点均对应里程桩号，图样中竖曲线的符号长、短与竖曲线的长短对应，且读懂图样中注明的各项曲线几何要素，如切线长、曲线半径、外矢距、转角等。

3）道路路线中的构筑物图例、编号、所在位置的桩号是道路纵断面示意构筑物的基本方法，了解这些，可查出相应构筑物的图样。

4）找出沿线设置的已知水准点，并根据编号、位置查出已知高程，以备施工使用。

5）根据里程桩号、路面设计高程和原地面高程，读懂道路路线的填挖情况。

6）根据资料表中坡度、坡长、平曲线示意图及相关数据，读懂路线线形的空间变化。

3.1.4　城市道路交叉口

1. 图样表示方法

1）当交叉口改建、新旧道路衔接及旧路面加铺新路面材料时，可采用图例表示不同贴补厚度及不同路面结构的范围，如图 3-6 所示。

2）水泥混凝土路面的设计高程数值应标注在板角处，并加注括号。在同一张图样中，当设计高程的整数部分相同时，可省略整数部分，但应在图中说明，如图 3-7 所示。

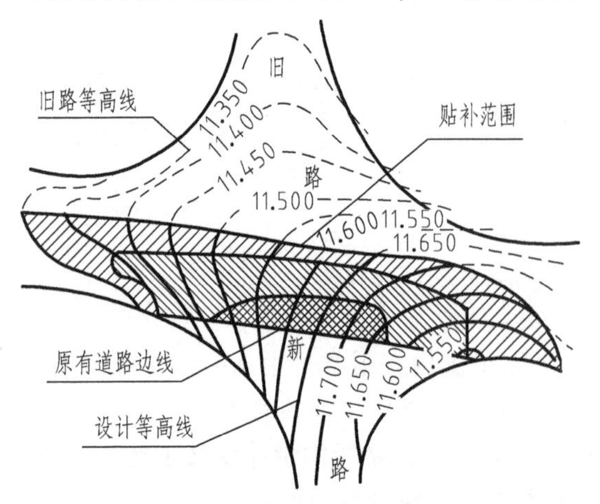

图 3-6　新旧路面的衔接

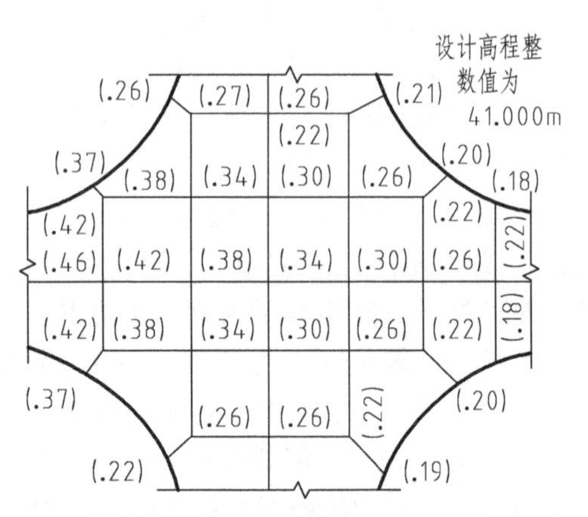

图 3-7　水泥混凝土路面高程标注

3）在立交工程纵断面图中，机动车与非机动车的道路设计线均应采用粗实线绘制，其测设数据可在测设数据表中分别列出。

4）在立交工程纵断面图中，上层构造物应采用图例表示，并应标出其底部高程，图例的长度为上层构造物底部全宽，如图 3-8 所示。

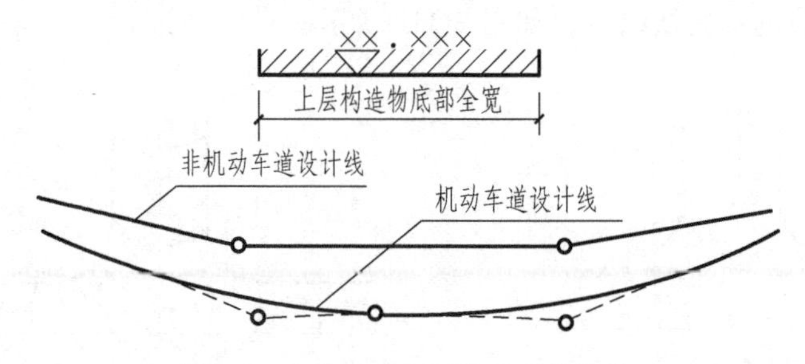

图 3-8　立交工程上层构造物的标注

5）在互通式立交工程线形布置图中，匝道的设计线应采用粗实线表示，干道的道路中线应采用细点画线表示，如图 3-9 所示。并应列表表示出图中的交点、圆曲线半径、控制点位置、平曲线要素及匝道长度。

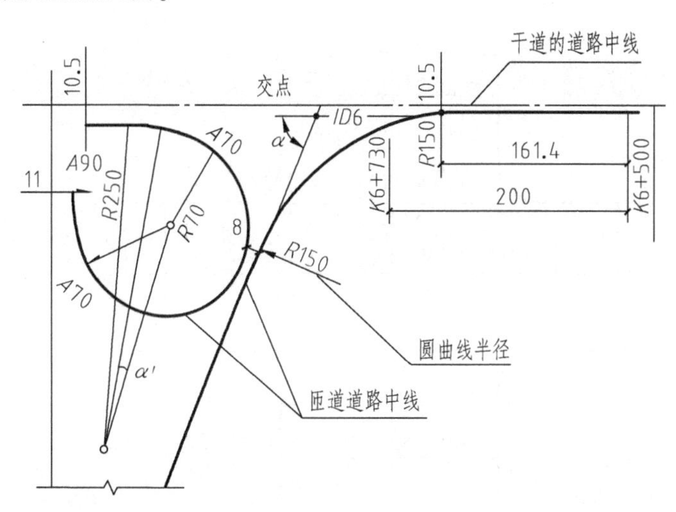

图 3-9　立交工程线形布置

6）在简单立交工程纵断面图中，应标注低位道路的设计高程；其所在桩号用引出线标注。当构造物中心与道路变坡点为同一桩号时，构造物应采用引出线标注，如图 3-10 所示。

7）在立交工程交通量示意图中，交通量的流向应采用涂黑的箭头表示。

2. 交叉口竖向设计高程标注

交叉口竖向设计高程的标注应符合下列规定：

1）较简单的交叉口仅需标注控制点的高程、排水方向及其坡度，如图 3-11a 所示，排水方向可采用单边箭头表示。

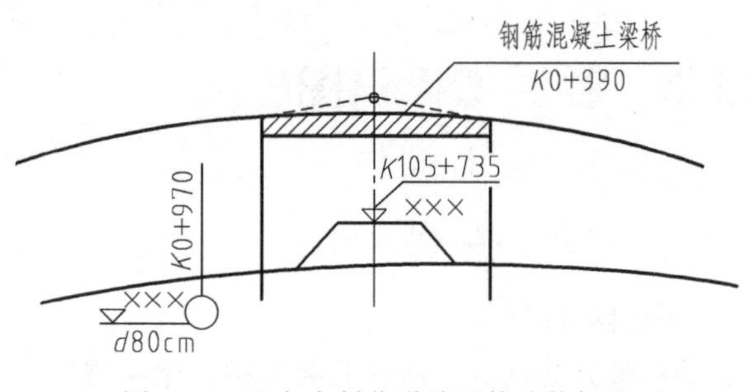

图 3-10　立交中低位道路及构造物标注

2）用等高线表示的平交口，等高线应用细实线表示，并每隔四条细实线绘制一条中粗实线，如图 3-11b 所示。

3）用网格高程表示的平交路口，其高程数值应标注在网格交点的右上方，并加括号。若高程整数值相同时，可省略，但要在图中说明。小数点前可不加“0”定位。网格应采用平行于设计道路中线的细实线绘制，如图 3-11c 所示。

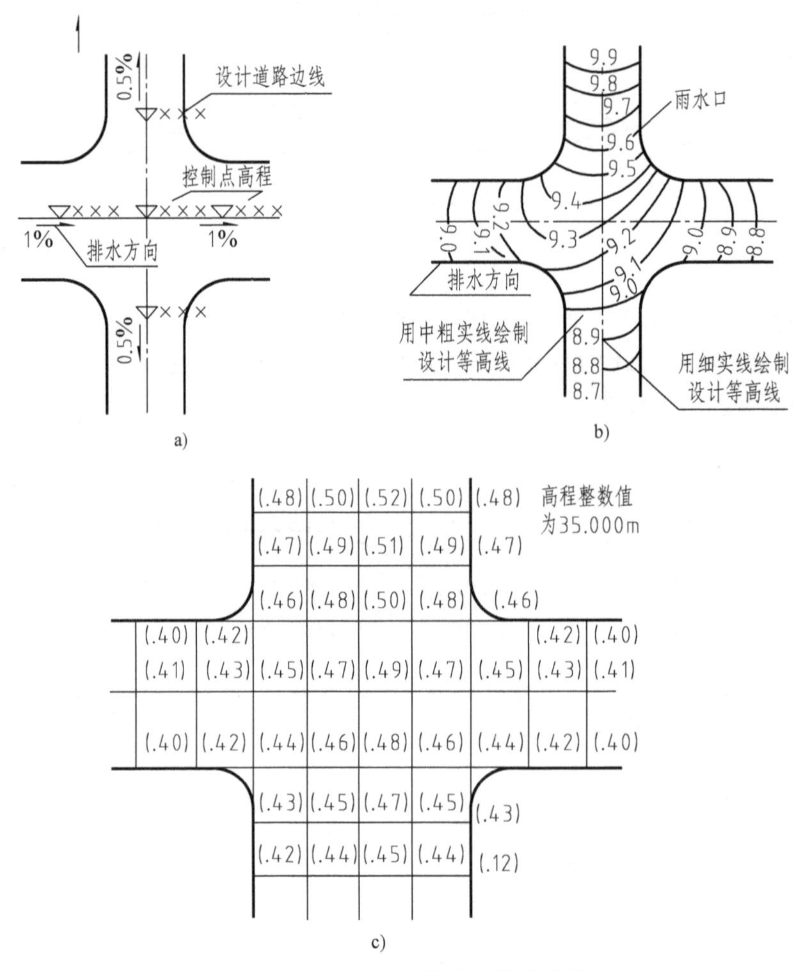

图 3-11　交叉口竖向设计高程的标注

a）简单的交叉口　b）等高线表示的平交口　c）网格高程表示的平交路口

3.2　桥涵工程识图

3.2.1　桥梁的类型

1. 桥梁的种类

桥梁可分为钢桥、钢筋混凝土桥、钢—混凝土组合桥、石拱桥、木桥等，也可分为梁式桥、拱式桥、刚架桥、斜拉桥、悬索桥等。

2. 桥梁主要组成部分

上部结构：主梁、主拱圈、桥面。

下部结构：桥墩、桥台、墩台基础。

附属结构：栏杆、灯柱、防护工程。

3. 桥梁结构图的主要图示特点

桥梁的下部结构大部分埋于土中，画图时常把土和水视为透明体拿掉而不在图中画出，只画出构件的投影；桥梁位于路线的一段，除标注桥梁本身大小尺寸外，还要标出桥梁的主要部分相对于整个路线的里程桩号；绘制桥梁工程图时仍采用缩小比例，不同的图样可以采用不同的比例。

3.2.2　桥涵工程识图方法

1. 阅读设计说明

阅读设计图的总说明，以便掌握桥（涵）的设计依据、设计标准、技术指标，桥（涵）位置处的自然、地理、气候、水文、地质等情况；桥（涵）的总体布置，采用的结构形式，所用的材料，施工方法、施工工艺的特定要求等。

2. 阅读工程数量表

在特大、大型桥及中型桥的设计图样中，列有工程数量表，在表中列有该桥的中心桩号、河流或桥名、交角、孔数和孔径、长度、结构类型、采用标准图时采用的标准图编号等，并分别按桥面系、上部、下部、基础列出有材料用量或工程数量（包括交通工程及沿线设施通过桥梁的预埋件等）。

该表中的材料用量或工程量，结合有关设计图复核后，是编制造价的依据。在该表的阅读中，应重点复核各结构部位工程数量的正确性、该工程量名称与有关设计图中名称的一致性。

3. 阅读桥位平面图

特大、大型桥及复杂中型桥有桥位平面图，在该图中示出了地形，桥梁位置、里程桩号、直线或平曲线要素，桥长、桥宽，墩台形式、位置和尺寸，锥坡、调治构造物布置等。通过该图的阅读，应对该桥有一个较深的总体概念。

4. 阅读桥型布置图

由于桥梁的结构形式很多，因此，通常要按照设计所取的结构形式，绘出桥型布置图。该图在一张图样上绘有桥的立面（或纵断面）、平面、横断面；并在图中示出了河床断面、地质分界线、钻孔位置及编号、特征水位、冲刷深度、墩台高度及基础埋置深度、桥面纵坡，以及各部尺寸和高程；弯桥或斜桥还示出有桥轴线半径、水流方向和斜交角；特大、大型桥的桥型布置图中的下部各栏中还列出有里程桩号、设计高程、坡度、坡长、竖曲线要素、平曲线要素等。在桥型布置图的读图和熟悉过程中，要重点读懂和弄清桥梁的结构形式、组成、结构细部组成情况、工程量的计算情况等。

5. 阅读桥梁细部结构设计图

在桥梁上部结构、下部结构、基础及桥面系等细部结构设计图中，详细绘制出了各细部结构的组成、构造并标示了尺寸等；如果是采用的标准图来作为细部结构的设计图，则在图册中对其细部结构可能没有一一绘制，但在桥型布置图中一定会注明标准图的名称及编号。在阅读和熟悉这部分图样时，重点应读懂并弄清其结构的细部组成、构造、结构尺寸和工程量，并复核各相关图样之间细部组成、构造、结构尺寸和工程量的一致性。

6. 阅读调治构造物设计图

如果桥梁工程中布置有调治构造物，如导流堤、护岸等构造物，则在其设计图册中应绘制有平面布置图、立面图、横断面图等。在读图中应重点读懂并弄清调治构造物的布置情况、结构细部组成情况及工程量计算情况等。

7. 阅读小桥、涵洞设计图

在小桥、涵洞的设计图册中，通常有布置图、结构设计图和小桥、涵洞工程数量表、过水路面设计图和工程数量表等。

在小桥布置图中，绘出了立面（或纵断面）、平面、横断面、河床断面，标明了水位、地质概况、各部尺寸、高程和里程等。

在涵洞布置图中，绘出了设计涵洞处原地面线及涵洞纵向布置，斜涵洞绘制有平面和进出口的立面情况、地基土质情况、各部尺寸和高程等。

对结构设计图，采用标准图的，则可能未绘制结构设计图，但在平面布置图中则注明有标准图的名称及编号；进行特殊设计的，则绘制有结构设计图；对交通工程及沿线设施所需要的预埋件、预留孔及其位置等，在结构设计图中也予以标明。

图册中应列有小桥或涵洞工程数量表，在表中列有小桥或涵洞的中心桩号、交角（若为斜交）、孔数和孔径、桥长或涵长、结构类型；涵洞的进出口形式，小桥的墩台、基础形式；工程及材料数量等。

对设计有过水路面的，在设计图册中则有过水路面设计图和工程数量表。在过水路面设计图中，绘制有立面（或纵断面）、平面、横断面设计图；在工程数量表中，列出有起讫桩号、长度、宽度、结构类型、说明、采用标准图编号、工程及材料数量等。

在对小桥、涵洞设计图进行阅读和理解的过程中，应重点读懂并熟悉小桥、涵洞的特定布置、结构细部、材料或工程数量、施工要求等。

3.2.3 桥梁构件结构图识读

1. 桥梁构件结构图

在桥梁总体布置图中，由于采用比例较小，桥梁的各部分构件不能详细表达出来，为了详细地表达构件的形状、大小、钢筋的布置以及构件之间的连接关系，需采用较大比例画出大样图，这种图称为构件结构图。桥梁构件结构图包括构件构造图（模板图）和（钢筋）结构图两种。

音频 3-2：桥涵工程识图

2. 桥梁构件结构图的内容与特点

构件构造图只画构件形状、不画内部钢筋。

1）钢筋结构图主要表示钢筋布置情况，通常又称为构件钢筋构造图。钢筋结构图一般应包括表示钢筋布置情况的投影图（立面图、平面图、断面图）、钢筋详图（即钢筋成型图）、钢筋数量表等内容。

2）为突出构件中钢筋配置情况，把混凝土假设为透明体，结构外形轮廓画成粗实线，尺寸线等用细实线表示。

3）受力钢筋画成粗实线，构造钢筋比受力钢筋在作图时要略细一些，钢筋断面用黑圆点表示。

4）钢筋直径的尺寸单位采用mm，其余尺寸单位均采用cm，图中无须注出单位。

3. 识读构件钢筋构造图的方法

识读钢筋混凝土构件钢筋构造图，首先要概括了解它采用了哪些基本的表达方法，各剖面图、断面图的剖切位置和投影方向，然后要根据各投影中给出的轮廓线确定混凝土构件的外部形状。再分析钢筋详图及钢筋数量表确定钢筋的种类及各种钢筋的直径、等级、数量。根据钢筋的直径和等级、形状等可以大致确定它是主筋、架立钢筋还是箍筋（主筋的直径较大、钢筋等级高，架立钢筋与主筋的分布方向一致，而箍筋的分布方向与主筋的分布方向垂直）。

3.3 隧道工程识图

3.3.1 隧道洞门的形式与构造

洞门位于隧道的两端，是隧道的外露部分，即出入口。隧道洞门的主要作用是保持洞口仰坡和路堑边坡的稳定，汇集和排除地面水流，便于进行建筑艺术处理。

根据地质情况和结构要求不同，隧道洞门的主要形式有以下4种：

1. 环框式洞门

将衬砌略伸出洞外，增大其厚度，形成洞口环框，适用于洞口石质坚硬、地形陡峻而无排水要求的场合，如图3-12a所示。

2. 端墙式洞门

适用于地形开阔、地层基本稳定的洞口。端墙的作用在于支护洞口仰坡，保持其稳定，并将仰坡水流汇集排出，如图3-12b所示。

3. 翼墙式洞门

在端墙的侧面加设翼墙而成，用以支承端墙和保护路堑边坡的稳定，适用于地质条件较差的洞口，如图3-12c所示。翼墙式洞门由端墙、洞口衬砌、翼墙和洞门排水系统组成。翼墙顶面和仰坡的延长面一致，其上设置水沟，将仰坡和洞顶汇集的地表水排入路堑边沟内。

4. 柱式洞门

当地形较陡，地质条件较差，且设置翼墙式洞门又受地形条件限制时，可在端墙中设置柱墩，以增加端墙的稳定性，这种洞门称为柱式洞门，如图3-12d所示。它比较美观，适用于城郊、风景区或长大隧道的洞口。

3.3.2 隧道洞门图识读

下面以端墙式隧道洞门图（图3-13）为例，具体说明识图要领（图件单位为cm）。

图 3-12　隧道洞门的形式

a）环框式　b）端墙式　c）翼墙式　d）柱式

1. 立面图

立面图是隧道进出洞门的正立面图，不论洞门是否左右对称，两边均应画全。该图反映了洞门形式、洞门墙及其顶帽、洞口衬砌曲面的形状。从图中可以看出，衬砌断面轮廓是由两个不同半径（$R=385$cm，$R=585$cm）的三段圆弧和两段直边墙组成的，拱圈厚 45cm。洞口净空高度为 740cm，宽度为 790cm。在图中还可以看到，在洞门墙的上部画有一条自左向右倾斜的虚线，该虚线表示洞门顶部设有排水沟，排水坡度为 $i=0.02$，并通过箭头表明流水方向。另有虚线表示洞门墙和隧道底面被洞口前面两侧路堑和公路路面遮住的不可见轮廓线。

2. 平面图

平面图是隧道进口洞门的水平投影图，只画出洞外露部分的投影，表示出洞门墙顶帽的宽度、洞顶排水沟的构造及洞门口外两边沟的位置。

3. 1—1 剖面图

为便于读图，隧道洞门图中对不同的构件分别用数字进行标记，如洞门墙用①、①′、①″标记。

从立面图编号为 1 的剖切符号可知，1—1 剖面图是用沿隧道轴线的侧平面剖切后，向左投影而得。该图只画出靠近洞口的一小段，从图中可以看出洞门墙的倾斜坡度为 10∶1，洞门墙的厚度为 60cm，以及排水沟的断面形状、拱圈厚度和材料断面符号等。

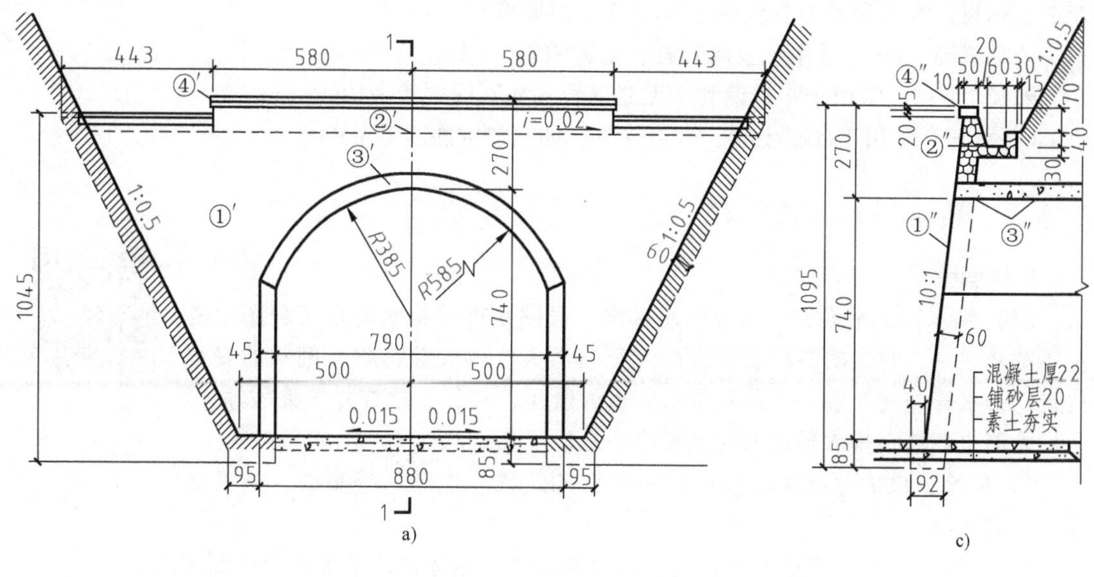

a)　　c)

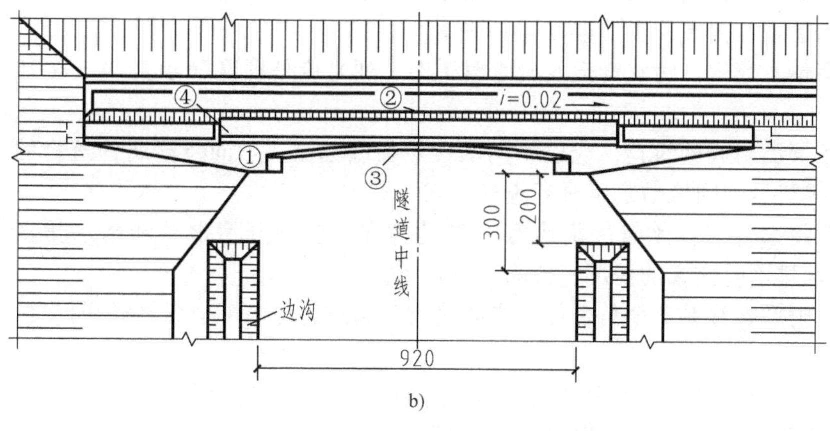

b)

图 3-13　端墙式隧道洞门图

a）正立面图　b）平面图　c）1—1 剖面图

3.4　市政管网工程识图

3.4.1　管网基本规定

管道工程是指建筑内部的给水排水管道工程、供热管道工程以及通风与空调管道工程。这些工程都是由各种不同的管道组成的，故称作管道工程，也称作暖卫（暖通卫生）管道工程。由于暖卫管道工程与其他的工程特点不同，所以暖卫管道工程施工图有一些特殊的画法和特殊的表示方法。阅读管道工程施工图的方法与阅读其他工程施工图的方法也有所不同。

标准规定，室外工程应标注绝对标高；无绝对标高时也可标注相对标高。压力管应标注管中心标高，沟渠和重力管应标注沟（管）内底标高。

公称直径：*DN*，常用于金属管材，如铸铁管 *DN*25。

外径：$D\times\delta$，常用于不锈钢管、无缝钢管，如不锈钢管 $D108\times4$。

内径：*d*，常用于混凝土管、陶土管等，如钢筋混凝土管 *d*300。

3.4.2 给水排水管道工程识图

音频 3-3：给水排水管道识图

1. 平面图

（1）给水排水平面图　市政给水排水平面图是市政给水排水工程图中的主要图样之一，它表明各给水管道的管径、消火栓的安装位置、闸阀的安装位置、排水管网的布置，以及各排水管道的管径、管长、检查井的编号等。

绘制市政给水排水平面图时主要应注意以下几点：

1）应绘出该地原有和新建的建筑物、构筑物、道路、等高线、施工坐标及指北针等。

2）绘制给水排水平面图的比例，该比例通常与该地建筑平面图的比例相同。

3）给水管道、污水管道和雨水管道应绘在同一张图上。

4）当同一张图上有给水管道、污水管道及雨水管道时，通常应分别以符号 J、W、Y 加以标注。

5）同一张图上的不同类附属构筑物，应以不同的代号加以标注；当同类附属构筑物的数量多于一个时，应以其代号加阿拉伯数字进行编号。

6）绘图时，当遇到给水管与污水管、雨水管交叉的情况，应断开污水管和雨水排水管。当遇到污水管和雨水排水管交叉的情况，应断开污水管。

7）建筑物、构筑物通常标注其 3 个角坐标。当建筑物、构筑物与施工坐标轴线平行时，可标注其对角坐标。

附属建筑物（检查井、阀门井）可标注其中心坐标。管道应标注其管中心坐标。当个别管道和附属构筑物不便于标注坐标时，可标注其控制尺寸。

8）给水排水平面图的方向，应与该地建筑平面图方向一致。

（2）路面表面渗水与排水系统图　迅速排出渗入路面的水，可采用开级配粒料做基（垫）层，以汇集由面层或面板接（裂）缝和路面外侧边缘渗下的水并通过空隙和横坡排向基（垫）层的外侧，最后由纵向排水管汇集后横向排出路基。

（3）构筑物构造图

1）雨水口。雨水口是指在雨水管渠或合流管渠上设置的收集地表径流的雨水的构筑物。地表径流的雨水通过雨水口连接管进入雨水管渠或合流管渠，使道路上的积水不致漫过路缘石，从而保证城市道路在雨天时正常使用。

2）检查井。为了便于管渠的衔接及对管道进行定期检查和清通，必须在排水管道系统上设置检查井。检查井通常设在管道交汇、转弯、管渠尺寸或坡度改变、跌水等处，以及相隔一定距离的直线管道上。

检查井的平面形状一般为圆形。检查井通常由井底（包括基础）、井身及井盖（包括盖座）三部分组成，如图 3-14 所示。

2. 给水排水工程管道纵断面图

管道纵断面图主要是用来表达地面起伏、管道敷设的埋深和管道交接等情况。在管道纵

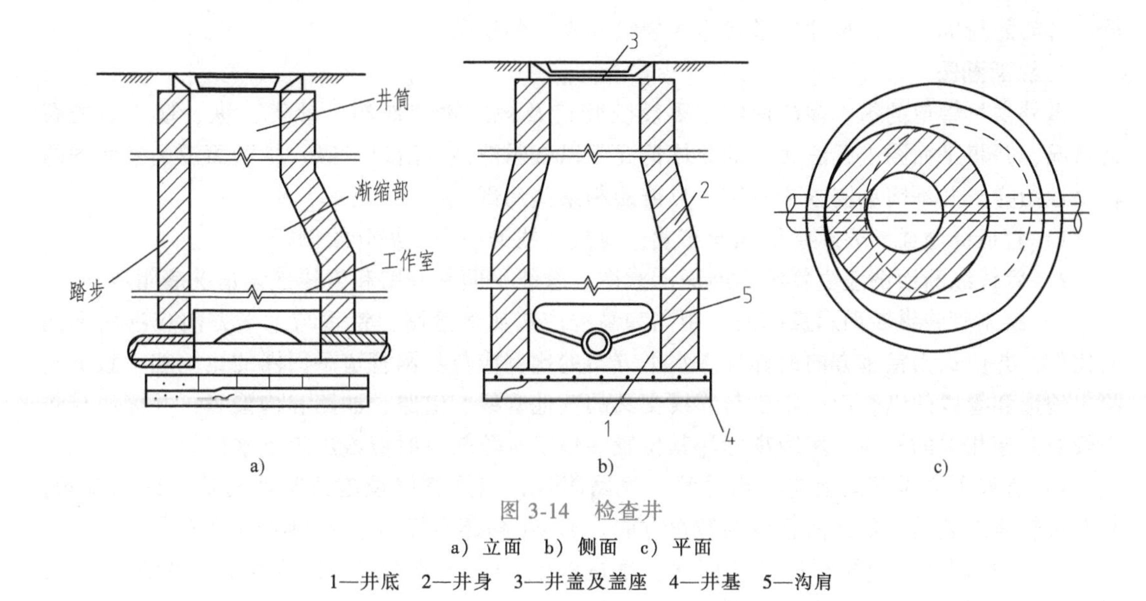

图 3-14 检查井

a）立面 b）侧面 c）平面

1—井底 2—井身 3—井盖及盖座 4—井基 5—沟肩

断面图中纵横两个方向应分别采用不同的比例，通常横向（水平距离）选用大比例绘制，常用1∶1000、1∶500、1∶300；纵向（垂直距离）选用小比例绘制，常用1∶200、1∶100、1∶50。

3.4.3 供热管道工程识图

1. 平面图

热网管道平面图用来表示管道的具体走向，是室外供热管道的主要图样，应在供热区域平面图或地形图的基础上绘制。供热区域平面图或地形图上的内容应采用细线绘制。

1）图上应表明管道名称、用途、平面位置、管道直径和连接方式。室外供热管道中有蒸汽管道和凝结水管道或供水管道和回水管道，同时还要表明室外供热管道中有无其他不同用途的管线。用粗实线绘制管线中心线，管沟敷设时，管沟轮廓线采用中实线绘制。

2）应绘出管路附件或其检查室，以及管线上为检查、维修、操作所设置的其他设施或构筑物。地上敷设时，还应绘制出各管架；地下敷设时，应标注固定墩和固定支座等，并标注上述各部位中心线的间距尺寸，应用代号加序号对以上各部位编号。

3）注明平面图上管道节点及纵、横断面图的编号，以便按照这些编号查找有关图样。对枝状管网其剖视方向应从热源向热用户观看。

4）表示管道组时，可采用同一线形加注管道代号及规格，也可采用不同线形加注管道规格来表示各种管道。

5）应在热网管道平面图上注释采用的线形、代号和图形符号。

2. 横断面图

1）管道横断面图的图名编号应与热网管线平面图上的编号相一致。用粗实线绘出管道轮廓，用细实线绘出保温结构外轮廓、支架和支墩的简化外形轮廓，用中实线绘出支座简化外形轮廓。

2）标注各管道中心线的间距。标注管道中心线与沟、槽、管架的相关尺寸，以及沟、槽、管架的轮廓尺寸。标注管道代号、规格和支座的型号。

3. 纵断面图

室外供热管道的纵、横断面图主要反映管道及构筑物（地沟、管架）纵、横立面的布置情况，并将平面图上无法表示的立体情况予以表示清楚，所以，纵、横断面图是平面图的辅助性图样，并不需绘制整个系统，只需绘制某些局部地段。

1）管道纵断面图表示管道纵向布置，应按管线的中心线展开绘制。

2）管线纵断面图应由管线纵断面示意图、管线平面展开图和管线敷设情况表组成。

3）绘制管线纵断面示意图时，距离和高程应按比例绘制，铅垂与水平方向应选用不同的比例，并应绘出铅垂方向的标尺。水平方向的比例应与热网管道平面图的比例相一致。应绘出地形和管线的纵断面，绘出与管线交叉的其他管线、道路、铁路和沟渠等，并标注与热力管线直接相关的标高，用距离标注其位置。地下水位较高时应绘出地下水位线。

4）管线平面展开图上应绘出管线、管路附件，以及管线设施或其他构筑物的示意图，并在各转角点表示出展开前管线的转角方向。非 90°角还应标出小于 180°角的角度值。

5）应采用细实线绘制设计地面线，细虚线绘制自然地面线，双点画线绘制地下水位线；其余图线应与热网管道平面图上采用的图线相对应。

6）在管线始端、末端和转角点等平面控制点处应标注标高；管线上设置有管路附件或检查室处，应标注标高；管线与道路、铁路、涵洞及其他管线的交叉处应标注标高。

7）各管段的坡度数值应计算到小数点后三位，精度要求高时应计算到小数点后五位。

3.4.4 燃气管道工程识图

1. 管道平面图

管道平面图主要表现地形、地物、河流、指北针等。在管线上画出设计管段的起终点的里程数，居住区燃气管道连接管的准确位置。

2. 管道剖面图

管道剖面图是反映管道埋设情况的主要技术资料，一般按照纵向比例是横向比例的 5~20 倍绘制。管道纵剖面图主要反映以下内容：

1）管道的管径、管材、长度和坡度，管道的防腐方法。

2）管道所处地面标高、管道的埋深或管顶覆土厚度。

3）与管道交叉的地下管线、沟槽的截面位置、标高等。

3. 管道横断面图

管道横断面图主要反映燃气管道与其他管道之间的相对间距，其间距要求可在设计说明中获得。

3.4.5 路灯工程识图

城市道路照明施工图识读没有固定的方法。同时，路灯照明工程施工图一般来说，比工业建设项目的电气图小且张数少，而且内容也比较简单，所以当拿到一套城市道路照明施工图时，应按照下述步骤和方法进行识读，才能获得理想的效果和达到识图的目的。

1. 识读步骤

（1）查看图样目录　了解工程项目图样组成内容、张数、图号及名称等。

(2) 阅读设计总说明 了解工程总体概况及设计依据和标准。了解图样中未能表达清楚的各有关事项，如供电电源的来源、电压等级、线路敷设方式、设备安装高度，安装方式及施工应注意的事项等。有些分项局部问题是在各分项工程图样上说明的，所以阅读分项工程图样时，也要先看图样中的设计说明。

(3) 阅读系统图 路灯照明施工图一般没有系统图，但根据工程项目规模大小的不同，有些照明供电电源部分也有系统图，如变配电工程的供电系统图等。读系统图的目的是了解系统的基本组成、主要电气设备、元件等连接关系及它们的规格、型号，有关参数等，掌握该系统的基本概况。

(4) 阅读电路图和接线图 由电气工程图的特点得知，任何一个电路都必须由四个基本要素构成一个整体的闭合回路，路灯照明电路也是由电源、开关、导线和光源构成的闭合回路。因此，在识读路灯照明施工图时，要了解各系统中的供电设备、用电设备的电气自动控制原理，以便指导设备的安装和控制系统的调试工作。因为路灯照明工程的电路图设计人员一般是采用功能布局法绘制的，所以识读时应依据其功能关系从左至右或从上至下一个回路一个回路地进行阅读。

(5) 阅读平面布置图 平面布置图是电气设备安装工程图样中的重要图样之一，各类电气平面图，都是用来表示设备安装位置、线路敷设部位、敷设方式及所用导线型号、规格、数量、管径大小的，是安装施工、编制工程量清单及工程预算的主要依据，必须具有熟练的阅读能力。

(6) 阅读安装大样图（详图） 安装大样图是按照机械制图方法绘制的用来详细表示设备安装方法的图样，也是用来指导施工、计算工程量和编制工程材料计划的重要依据。

(7) 阅读设备材料表 设备材料表提供了该工程所需要的设备、材料的型号、规格和数量，是编制设备、材料采购计划的重要依据，也是编制工程量清单及工程预算计算工程量的重要参考依据。

2. 识读方法

城市路灯照明工程施工图的识读方法，概括起来是：从电源来源处起，沿电能输送电路的方向，分系统，分道路，分街巷，至用电设备（主要是指“电光源”），一条线一条线地阅读。这种方法可用程序式表达为电源起点→配电设备控制设备→用电设备（电光源）。

第4章 土石方工程

4.1 工程量计算依据

土石方工程包括土方工程、石方工程、回填方及土石方运输、相关问题及说明四部分，共10个项目。

土方工程计算依据见表4-1。

表4-1 土方工程计算依据

项目名称	清单规则	定额规则
挖一般土方	按设计图示尺寸以体积计算	按设计图示尺寸以天然密实体积(自然方)计算
挖沟槽土方	按设计图示尺寸以基础垫层底面积乘以挖土深度计算	
挖基坑土方		
暗挖土方	按设计图示断面乘以长度以体积计算	
挖淤泥、流沙	按设计图示位置、界限以体积计算	

石方工程计算依据见表4-2。

表4-2 石方工程计算依据

项目名称	清单规则	定额规则
挖一般石方	按设计图示尺寸以体积计算	按设计图示尺寸以天然密实体积(自然方)计算
挖沟槽石方	按设计图示尺寸以基础垫层底面积乘以挖石深度计算	按设计图示尺寸以天然密实体积(自然方)计算
挖基坑石方		

回填方及土石方运输计算依据见表4-3。

表4-3 回填方及土石方运输计算依据

项目名称	清单规则	定额规则
回填方	1)按挖方清单项目工程量加原地面线至设计要求标高间的体积,减基础构筑物等埋入体积计算 2)按设计图示尺寸以体积计算	按碾压后的体积(实方)计算
余方弃置	按挖方清单项目工程量减利用回填方体积(正数)计算	按挖方清单项目工程量减利用回填方体积(正数)计算

4.2　工程案例实战分析

4.2.1　问题导入

相关问题：

1）土方开挖注意事项有哪些？

2）不同土质开挖方法、顺序有何异同？

3）在开挖是如何确定放坡系数？

4.2.2　案例导入与算量解析

1. 土方开挖

视频 4-1：土方开挖

土方开挖是工程初期以至施工过程中的关键工序。将土和岩石进行松动、破碎、挖掘并运出的工程。按岩土性质，土石方开挖分为土方开挖和石方开挖。

土方开挖按施工环境是露天、地下或水下，分为明挖、洞挖和水下开挖。在水利工程中，土方开挖广泛应用于场地平整和削坡，水工建筑物（水闸、坝、溢洪道、水电站厂房、泵站建筑物等）地基开挖，地下洞室（水工隧洞、地下厂房、各类平洞、竖井和斜井）开挖，河道、渠道、港口开挖及疏浚，填筑材料、建筑石料及混凝土骨料开采，围堰等临时建筑物或砌石、混凝土结构物的拆除等，如图 4-1 所示。

音频 4-1：土方开挖工作

a)

b)

图 4-1　土方开挖

a）土方开挖现场图　b）土方开挖三维图

2. 挖基坑土方

（1）名词概念　开挖底长小于等于 3 倍底宽，且底面积小于等于 $150m^2$ 的为挖基坑土方，如图 4-2 所示。

（2）案例导入与算量解析

【例 4-1】　已知土方开挖平面图如图 4-3 所示，土方开挖三维图如图 4-4 所示，土方开挖现场图如图 4-5 所示，挖土深度 1.2m，试求土方开挖工程量。

a)

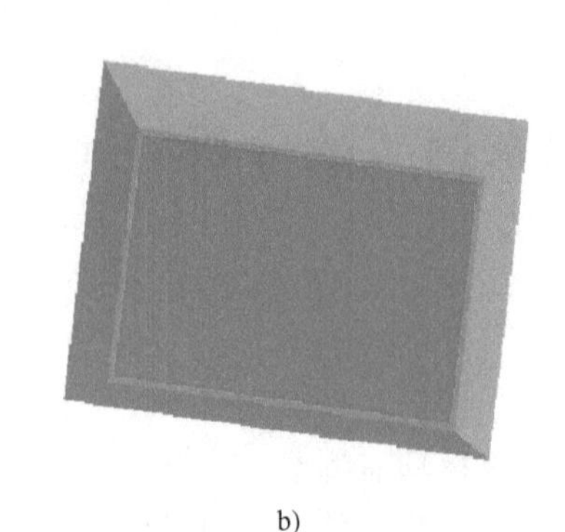

b)

图 4-2 挖基坑土方

a）挖基坑土方现场图 b）挖基坑土方三维图

【解】

（1）识图内容 通过题干内容可知土方开挖深度为 1.2m，根据土方开挖平面图可知土方开挖长度为 18000mm，土方开挖宽度为 12000mm。

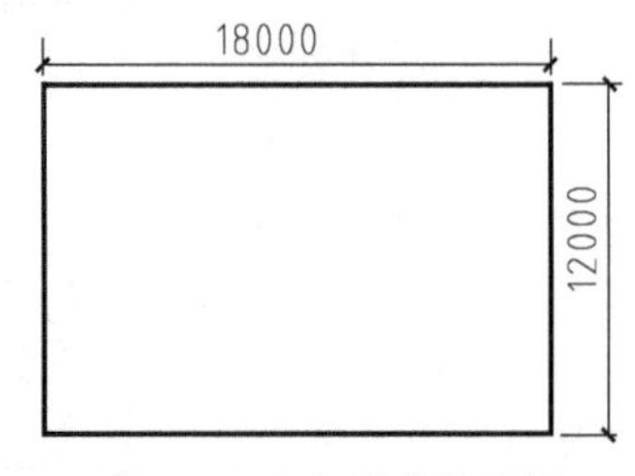

图 4-3 土方开挖平面图

图 4-4 土方开挖三维图

（2）工程量计算

1）清单工程量：

$V=18\times12\times1.2=259.2$（$m^3$）。

2）定额工程量。定额工程量同清单工程量。

【小贴士】 式中：18 为土方开挖长度；12 为土方开挖宽度；1.2 为土方开挖深度。

图 4-5 土方开挖实物图

3. 挖沟槽土方

（1）名词概念 开挖底宽小于等于 7m，且底长大于三倍底宽的为挖沟槽土方，如图 4-6 所示。

a)

b)

音频 4-2：挖沟槽、基坑、土方的区别

图 4-6 挖沟槽土方

a）实物图 b）三维图

（2）案例导入与算量分析

【例 4-2】 已知某市政工程需进行土方开挖，截面图如图 4-7 所示，三维图如图 4-8 所示，实物图如图 4-9 所示，该市政工程长 21m，试求土方开挖工程量。

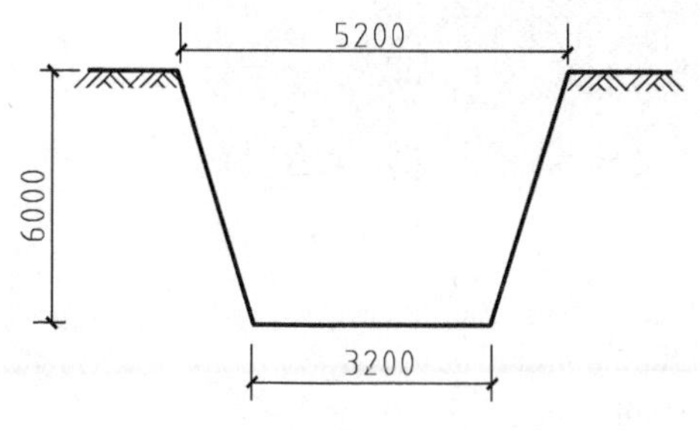

图 4-7 土方开挖截面示意图

图 4-8 土方开挖三维图

图 4-9 土方开挖实物图

【解】

（1）识图内容 通过题干内容可知该市政工程长 21m，根据土方开挖截面图可知土方开挖基底长为 3200mm，土方开挖底面长度为 5200mm，开挖深度为 6m。

（2）工程量计算

1）清单工程量：

$V=(3.2+5.2)\times6\div2\times21=529.2(m^3)$。

2）定额工程量。定额工程量同清单工程量。

【小贴士】 式中：(3.2+5.2)×6÷2 为土方开挖截面面积；21 为土方开挖长度。

4. 挖一般土方

（1）名词概念 不属于挖基坑土方也不属于挖沟槽土方的为挖一般土方，如图 4-10 所示。

（2）案例导入与算量分析

【例 4-3】 已知某市政工程需开挖长 21m 的土方工程，放坡系数为 0.75，截面示意图如图 4-11 所示，三维图如图 4-12 所示，实物图如图 4-13 所示，试求土方开挖工程量。

【解】

（1）识图内容 通过题干内容可知该市政工程长 21m，放坡系数为 0.75，根据土方开挖截面图可知土方开挖基底长为 21000mm，开挖深度为 9m。

a)

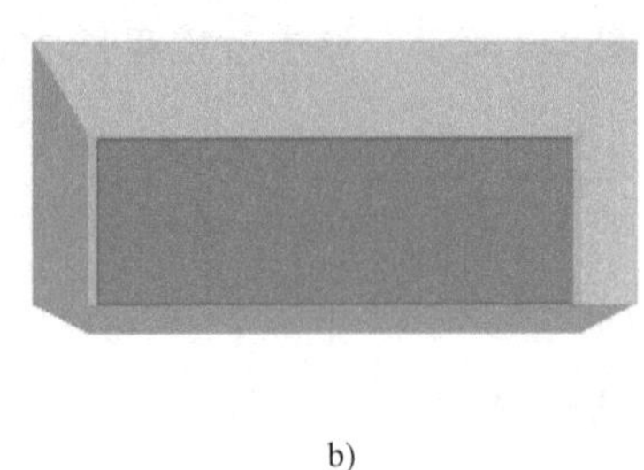

b)

图 4-10 挖一般土方

a）现场图 b）三维图

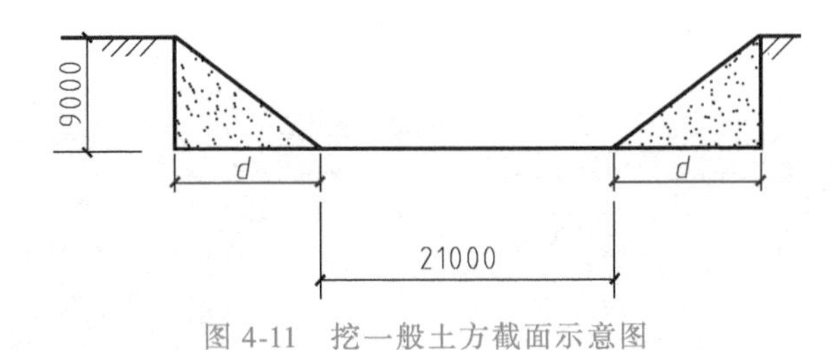

图 4-11 挖一般土方截面示意图

图 4-12 挖一般土方三维图

图 4-13 挖一般土方实物图

（2）工程量计算

1）清单工程量：

$V=(21+9\div0.75\times2+21)\times9\div2\times21=6237$ （m^3）。

2）定额工程量。定额工程量同清单工程量。

【小贴士】 式中：21 为该土方工程的基底长度；9÷0.75 为 d 的长度；9÷0.75×2+21 为该土方基础顶开挖长度；9 为开挖深度；21 为该工程的开挖长度。

5. 回填土

（1）名词概念 回填土指的是工程施工中，完成基础等地面以下工程后，再返还填实的土。回填土是指基础、垫层等隐蔽工程完工后，取土回填的施工过程。主要有地基填土、基坑（槽）或管沟回填、室内地坪回填、室外场地回填平整等。对地下设施工程（如地下结构物、沟渠、管线沟等）的两侧或四周及上部的回填土，应先对地下工程进行各

视频 4-2：回填土

音频 4-3：回填土注意事项

项检查，办理验收手续后方可回填，如图4-14所示。

图4-14　土方回填

a）土方回填实物图　b）土方回填三维图

（2）案例导入与算量分析

【例4-4】 已知某市政工程需进行土方回填，平面图如图4-15所示，三维图如图4-16所示，实物图如图4-17所示，回填厚度500mm，试求土方回填工程量。

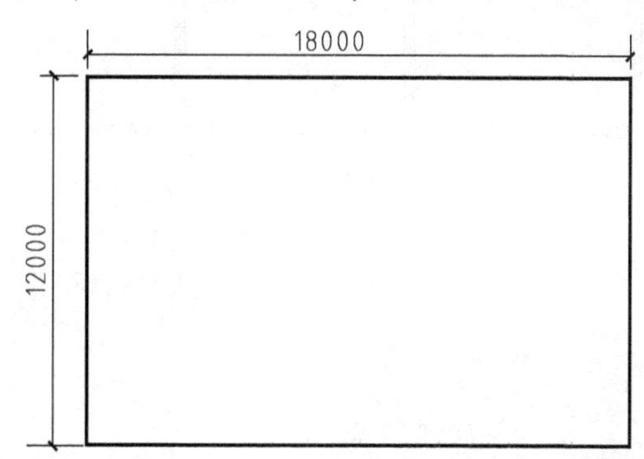

图4-15　某市政工程平面图

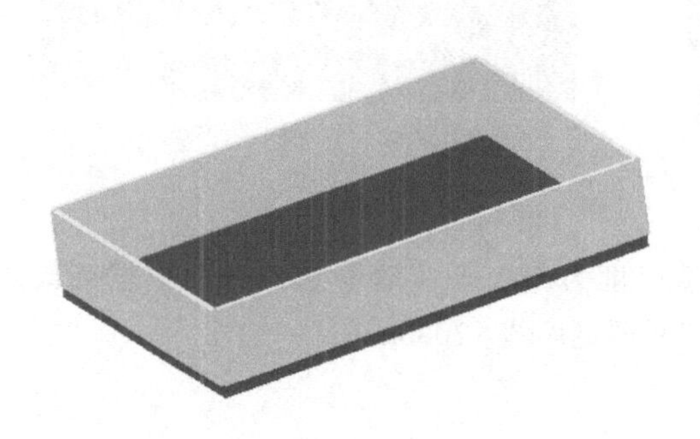

图4-16　土方回填三维图

图4-17　土方回填实物图

【解】

（1）识图内容　通过题干内容可知土方回填厚度为500mm，根据某市政工程平面图可知土方回填长度为18000mm，土方回填宽度为12000mm。

（2）工程量计算

1）清单工程量：

$V=18\times12\times0.5=108$（$m^3$）。

2）定额工程量。定额工程量同清单工程量。

【小贴士】 式中：18为土方回填长度；12为土方回填宽度；0.5为土方回填深度。

【例4-5】 已知某市政工程需进行土方回填，墙厚200mm，平面图如图4-18所示，三维图如图4-19所示，实物图如图4-20所示，回填厚度500mm，试求土方回填工程量。

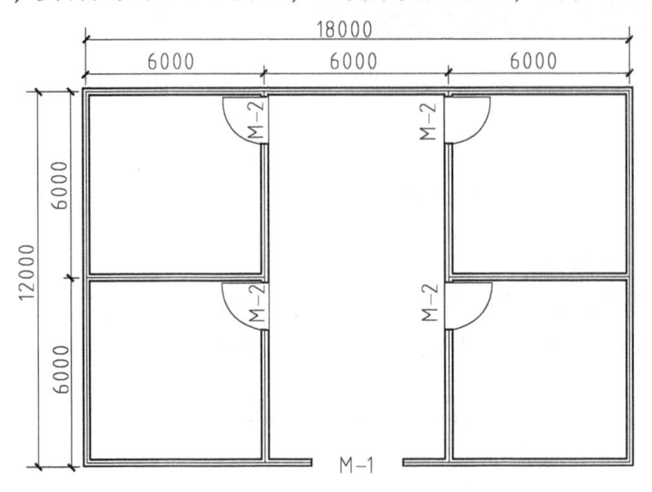

图4-18 某市政工程平面图

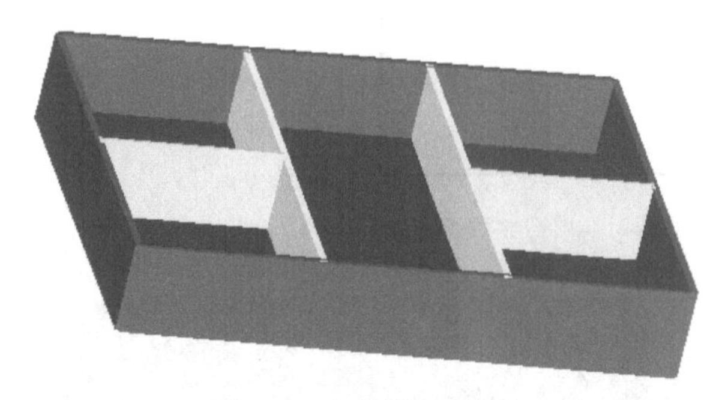

图4-19 土方回填三维图

图4-20 土方回填实物图

【解】

（1）识图内容 通过题干内容可知土方回填厚度为500mm，墙厚200mm，根据某市政工程平面图可知土方回填长度为18000mm，土方回填宽度为12000mm。

（2）工程量计算

1）清单工程量：

$V=[(6-0.2)\times(6-0.2)\times4+(6-0.2)\times(12-0.2)]\times0.5=101.5$（$m^3$）。

2）定额工程量。定额工程量同清单工程量。

【小贴士】 式中：(6−0.2)×(6−0.2)为单个小房间的面积；0.2为墙厚；4为小房间的数量；(6−0.2)×(12−0.2)为中间房间的面积；0.5为土方回填深度。

4.2.3　关系识图与疑难分析

1. 关系识图

（1）挖沟槽土方　底宽（按设计图示垫层或基础的底宽）小于等于7m，且底长大于三倍底宽的为沟槽，如图4-21所示。

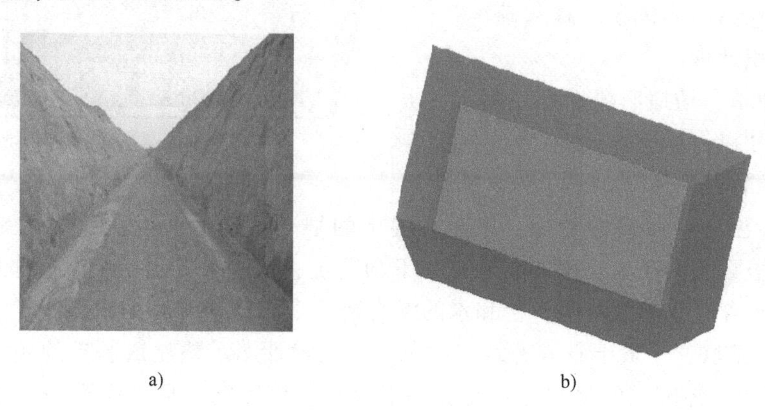

a)　　　b)

图4-21　挖沟槽土方

a）实物图　b）三维图

（2）挖沟槽土方截面识图　挖沟槽土方截面如图4-22所示。

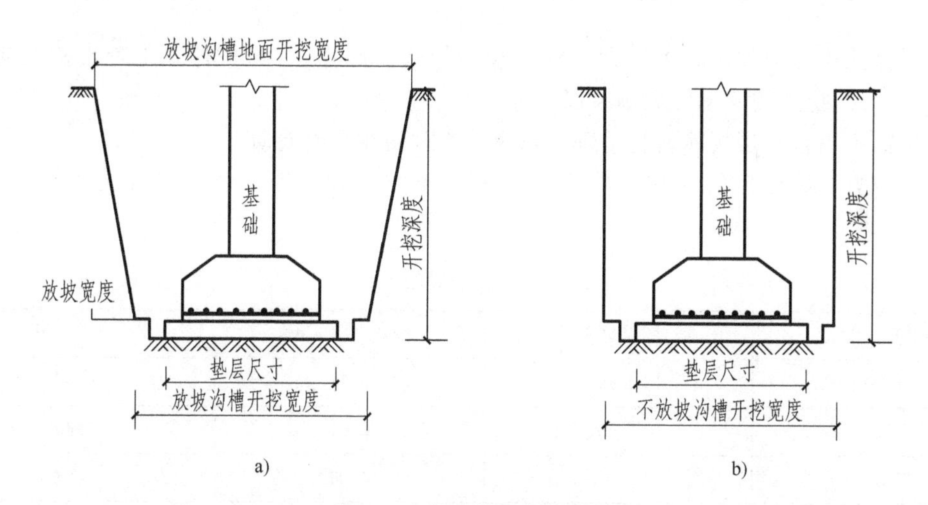

a)　　　b)

图4-22　挖沟槽土方截面图

a）放坡挖沟槽土方截面　b）不放坡挖沟槽土方截面

1）开挖深度是指原地面标高到槽底的深度。

2）开挖宽度是指的是沟槽的宽度，不放坡沟槽顶与沟槽底宽度一致，放坡沟槽顶宽度比槽底宽度大。

3）放坡宽度是指放坡沟槽槽顶宽度减去槽底宽度。

4）放坡，根据开挖深度、土壤类型的不同从而决定是否放坡，按照相应挖深和土质类别在放坡系数表中进行查询相应的放坡系数。

（3）回填方识图　回填方识图如图4-23所示。

1）回填分为室内回填和室外回填，室内回填为房心回填，室外回填为基础土回填。

2）基坑回填、管道沟槽回填计算规则：按挖方清单项目工程量加原地面线至设计要求标高间的体积，减基础构筑物等埋入体积计算。

3）房心回填、场地回填计算规则：按设计图示尺寸以体积计算。

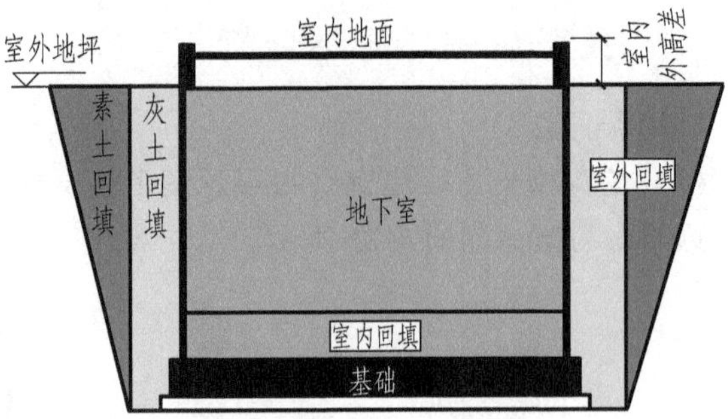

图 4-23　回填方识图

2. 疑难分析

1）干土、湿土、淤泥的划分：干土、湿土的划分，以地质勘测资料的地下常水位为准，地下常水位以上为干土，地下常水位以下为湿土，地表水排出后，土壤含水率大于等于25%时为湿土。含水率超过液限，土和水的混合物呈现流动状态时为淤泥。

2）沟槽、基坑、一般土石方的划分：底宽（按设计图示垫层或基础的底宽）小于等于7m，且底长大于三倍底宽的为沟槽；底长小于等于3倍底宽，且底面积小于等于150m^{2}的为基坑；超出上述范围的为一般土石方。厚度在30cm以内就地挖、填土石方按平整场地计算。超过上述类型的土石方按照挖土方和挖石方计算。

3）挖沟槽、基坑土方中的挖土深度，一般是指原地面标高至槽底、坑底的平均高度。

4）机械挖土方中如需人工协助开挖（包括切边、修底），机械挖土工程量按照实际挖土量计算，人工挖土按照相应定额乘以系数1.5。

5）定额中不包括现场障碍物清理，障碍物清理费用另行计算。

6）回填方按碾压后的体积（实方）计算。土方体积、石方体积换算表见表4-4、表4-5。

表 4-4　土方体积换算

虚方体积	松填体积	天然密实体积	夯实体积
1.00	0.83	0.77	0.67
1.20	1.00	0.92	0.80
1.30	1.08	1.00	0.87
1.40	1.25	1.15	1.00

表 4-5　石方体积换算

虚方体积	松填体积	天然密实体积	夯实体积
1.00	0.85	0.65	—
1.18	1.00	0.76	—
1.54	1.31	1.00	—

7）土壤根据不同土质分为一、二类土、三类土、四类土四大类，具体分类见表4-6。

表 4-6　土壤分类

土壤分类	土 壤 名 称	开 挖 方 法
一、二类土	粉土、砂土(粉砂、细砂、中砂、粗砂、砾砂)、粉质黏土、弱中盐渍土、软土(淤泥质土、泥炭、泥炭质土)、软塑红黏土、冲填土	用锹,少许用镐、条锄开挖。机械能全部直接铲挖满载者
三类土	黏土、碎石土(圆砾、角砾)混合土、可塑红黏土、硬塑红黏土、强盐渍土、素填土、压实填土	主要用镐、条锄,少许用锹开挖。机械需部分刨松方能铲挖满载者,或可直接铲挖但不能满载者
四类土	碎石土(卵石、碎石、漂石、块石)、坚硬红黏土、超盐渍土、杂填土	全部用镐、条锄挖掘,少许用撬棍挖掘。机械须普遍刨松方能铲挖满载者

8）在市政工程上，大部分可能会埋设管道。管道施工时单面工作面宽度见表 4-7。

表 4-7　管道施工时单面工作面宽度

管道外沿宽度/mm	混凝土管、水泥管/mm	其他管道/mm
≤500	400	300
≤1000	500	400
≤2500	600	500
>2500	700	600

9）在土方工程中，按照相关的施工组织设计进行放坡，施工组织设计无规定时，具体的放坡起点深度和放坡坡度见表 4-8。

表 4-8　土方放坡起点深度和放坡坡度

土壤类别	起点深度(>m)	放坡坡度			
		人工挖土	机械挖土		
			基坑内作业	基坑上作业	沟槽上作业
一、二类土	1.20	1 : 0.50	1 : 0.33	1 : 0.75	1 : 0.50
三类土	1.50	1 : 0.33	1 : 0.25	1 : 0.67	1 : 0.33
四类土	2.00	1 : 0.25	1 : 0.10	1 : 0.33	1 : 0.25

① 基础土方放坡，自基础（含垫层）底标高算起。原槽、坑做基础垫层时，放坡自垫层上表面开始。

② 混合土质的基础土方，其放坡的起点深度和放坡坡度，按照不同土类厚度加权平均计算。

③ 计算基础土方放坡时，不扣除放坡交叉处的重复工程量。

④ 基础土方支挡土板时，土方放坡不另行计算。

第5章 道路工程

5.1 工程量计算依据

市政道路工程划分的子目包含有路基处理、道路基层、道路面层、人行道及其他、交通管理设施五部分，共80个项目。

路基处理计算依据见表5-1。

表5-1 路基处理计算依据

项目名称	清单规则	定额规则
预压地基	按设计图示尺寸以加固面积计算	按设计图示尺寸以面积计算
强夯地基		
振冲桩(填料)	1)以米计量,按设计图示尺寸以桩长计算 2)以立方米计量,按设计桩截面面积乘以桩长以体积计算	按设计图示尺寸以体积计算
砂石桩	1)以米计量,按设计图示尺寸以桩长(包括桩尖)计算 2)以立方米计量,按设计桩截面面积乘以桩长(包括桩尖)以体积计算	按设计桩截面面积乘以桩长(包括桩尖)以体积计算
水泥粉煤灰碎石桩	按设计图示尺寸以桩长(包括桩尖)计算	按设计桩截面面积乘以桩长(包括桩尖)以体积计算
深层水泥搅拌桩	按设计图示尺寸以桩长计算	按设计桩长加50cm乘以设计桩外径截面面积以体积计算
粉喷桩		按设计图示尺寸以体积计算
高压水泥旋喷桩		
石灰桩	按设计图示尺寸以桩长(包括桩尖)计算	按设计桩截面面积乘以桩长(包括桩尖)以体积计算
灰土(土)挤密桩		
排水沟、截水沟	按设计图示尺寸以长度计算	按设计图示尺寸以体积计算
盲沟		

道路基层计算依据见表5-2。

道路面层计算依据见表5-3。

人行道及其他计算依据见表5-4。

表5-2 道路基层计算依据

<table>
<tr><th>项目名称</th><th>清单规则</th><th>定额规则</th></tr>
<tr><td>路床(槽)整形</td><td>按设计道路底基层图示尺寸以面积计算,不扣除各类井所占面积</td><td>按设计道路底基层图示尺寸以面积计算,不扣除各类井所占面积</td></tr>
<tr><td>石灰稳定土</td><td>按设计图示尺寸以面积计算,不扣除各类井所占面积</td><td>按设计图示尺寸以面积计算,不扣除各类井所占面积</td></tr>
<tr><td>水泥稳定土</td><td rowspan="5">按设计图示尺寸以面积计算,不扣除各类井所占面积</td><td rowspan="5">按设计图示尺寸以面积计算,不扣除各类井所占面积</td></tr>
<tr><td>石灰、碎石、土</td></tr>
<tr><td>石灰、粉煤灰、碎(砾)石</td></tr>
<tr><td>水泥稳定碎(砾)石</td></tr>
<tr><td>沥青稳定碎石</td></tr>
</table>

表5-3 道路面层计算依据

<table>
<tr><th>项目名称</th><th>清单规则</th><th>定额规则</th></tr>
<tr><td>沥青表面处治</td><td>按设计图示尺寸以面积计算,不扣除各种井所占面积,带平石的面层应扣除平石所占面积</td><td>按设计图示尺寸以面积计算,不扣除各种井所占面积</td></tr>
<tr><td>沥青贯入式</td><td rowspan="4">按设计图示尺寸以面积计算,不扣除各种井所占面积,带平石的面层应扣除平石所占面积</td><td rowspan="2">按设计图示尺寸以面积计算,不扣除各种井所占面积</td></tr>
<tr><td>透层、粘层</td></tr>
<tr><td>沥青混凝土</td><td rowspan="2">按设计长乘以设计宽计算(包括转弯面积),不扣除各种井所占面积</td></tr>
<tr><td>水泥混凝土</td></tr>
</table>

表5-4 人行道及其他计算依据

<table>
<tr><th>项目名称</th><th>清单规则</th><th>定额规则</th></tr>
<tr><td>人行道整形碾压</td><td>按设计人行道图示尺寸以面积计算,不扣除侧石、树池和各类井所占面积</td><td>按设计人行道图示尺寸以面积计算,不扣除侧石、树池和各类井所占面积</td></tr>
<tr><td>人行道块料铺设</td><td rowspan="2">按设计图示尺寸以面积计算,不扣除各类井所占面积,但应扣除侧石、树池所占面积</td><td rowspan="2">按设计图示尺寸以面积计算,不扣除各类井所占面积,但应扣除侧石、树池所占面积</td></tr>
<tr><td>现浇混凝土人行道及进口坡</td></tr>
</table>

5.2 工程案例实战分析

5.2.1 问题导入

相关问题:

1) 道路工程中桩如何进行计算?
2) 道路基层宽度如何计算?
3) 道路碾压设计加宽如何进行计算?

5.2.2 案例导入和算量解析

视频 5-1：强夯地基

1. 强夯地基

（1）名词概念 强夯地基是指用起重机械（起重机或起重机配三脚架、龙门架）将大吨位（一般 8～30t）夯锤起吊到 6～30m 高度后，自由落下，给地基土以强大的冲击能量的夯击，使土中出现冲击波和很大的冲击应力，迫使土层空隙压缩，土体局部液化，在夯击点周围产生裂隙，形成良好的排水通道，孔隙水和气体逸出，使土料重新排列，经时效压密达到固结，从而提高地基承载力，降低其压缩性的一种有效的地基加固方法，使表面形成一层较为均匀的硬层来承受上部载荷，如图 5-1 所示。工艺与重锤夯实地基类同，但锤重与落距要远大于重锤夯实地基。

a)

b)

图 5-1 强夯地基

a）强夯地基器械 b）现场图

（2）案例导入与算量解析

【例 5-1】 已知某道路施工前需进行地基处理使地基达到要求，采用强夯的方法，强夯地基平面图如图 5-2 所示，实物图如图 5-3 所示，试求强夯地基的工程量。

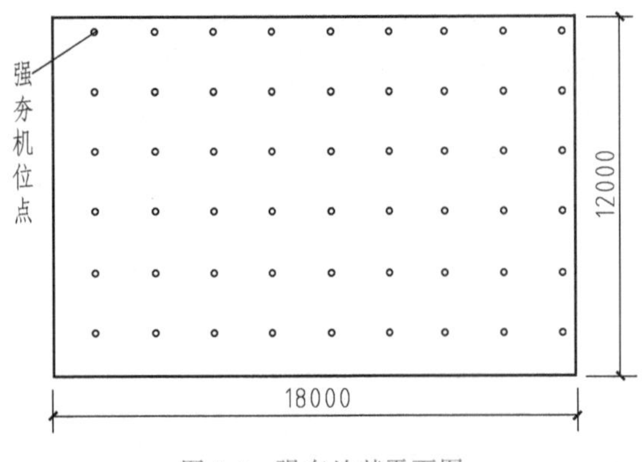

图 5-2 强夯地基平面图

图 5-3 强夯地基现场图

【解】

（1）识图内容 根据强夯地基平面图可知长为 18000mm，宽为 12000mm。

（2）工程量计算

1）清单工程量：

$S = 18 \times 12 = 216$ (m^2)。

2）定额工程量。定额工程量同清单工程量。

【小贴士】 式中：18 为强夯地基的长度；12 为强夯地基的宽度。

2. 深层水泥搅拌桩

（1）名词概念　深层水泥搅拌桩是利用水泥作为固化剂，通过深层搅拌机械在地基将软土或砂等与固化剂强制拌和，使软基硬结而提高地基强度，如图 5-4 所示。适用于软基处理，或淤泥、砂土、淤泥质土、泥炭土和粉土的处理。

视频 5-2：深层水泥搅拌桩

音频 5-1：桩

a)

b)

图 5-4　深层水泥搅拌桩

a）深层水泥搅拌桩施工机械　b）深层水泥搅拌桩实物图

（2）案例导入与算量解析

【例 5-2】 已知某道路施工会经过一淤泥路段，采用深层水泥搅拌桩进行处理，桩长 3.6m，该路段深层水泥搅拌桩平面布置图如图 5-5 所示，深层水泥搅拌桩三维图如图 5-6 所示，深层水泥搅拌桩实物图如图 5-7 所示，试求该路面深层水泥搅拌桩的工程量。

图 5-5　深层水泥搅拌桩平面布置图

【解】

（1）识图内容　通过题干内容可知深层水泥搅拌桩桩长为 3.6m，根据深层水泥搅拌桩平面布置图可知深层水泥搅拌桩界面尺寸为 400mm×400mm，共有 15 根。

图 5-6　深层水泥搅拌桩三维图

图 5-7　深层水泥搅拌桩实物图

（2）工程量计算

1）清单工程量：

$V=0.4\times0.4\times3.6\times15=8.64\ (m^3)$。

2）定额工程量。定额工程量按设计桩长加50cm乘以设计桩外径截面面积以体积计算。

$V=0.4\times0.4\times(3.6+0.5)\times15=9.84\ (m^3)$。

【小贴士】 式中：0.4×0.4为深层水泥搅拌桩截面面积；3.6为深层水泥搅拌桩高度；15为深层水泥搅拌桩数量。

3. 褥垫层

（1）名词概念　褥垫层是CFG复合地基中解决地基不均匀的一种方法。如建筑物一边在岩石地基上，一边在黏土地基上时，采用在岩石地基上加褥垫层（级配砂石）来解决，如图5-8所示。

图5-8　褥垫层

褥垫层不仅仅用于CFG桩，也用于碎石桩、管桩等，以形成复合地基，保证桩和桩间土的共同作用。

（2）案例导入与算量解析

【例5-3】 已知某道路施工会经过一路段，一边为岩石地基，一边为黏土地基，为解决该路段的地基不均匀情况，采取在其上铺设褥垫层的方法来解决，褥垫层厚30mm，褥垫层立面示意图如图5-9所示，褥垫层平面示意图如图5-10所示，实物图如图5-11所示，试求该道路工程褥垫层的工程量。

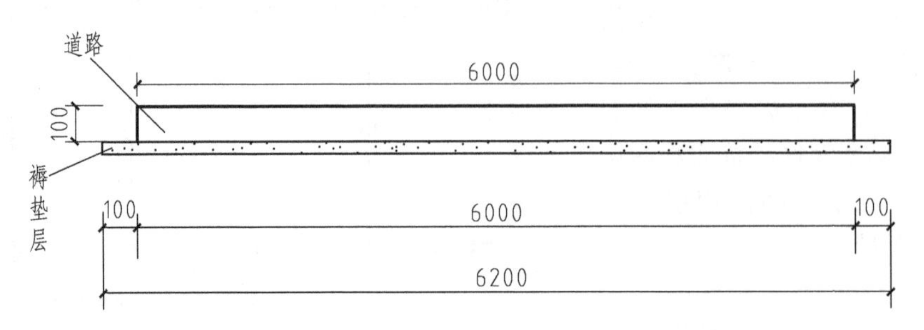

图5-9　褥垫层立面示意图

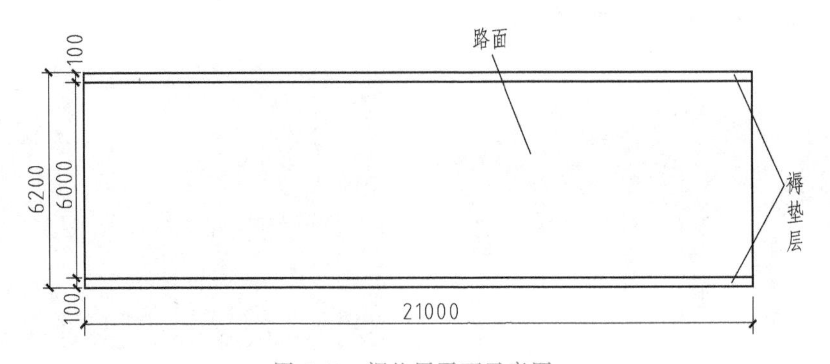

图5-10　褥垫层平面示意图

【解】

(1) 识图内容　通过题干内容可知褥垫层厚度为 30mm，根据褥垫层立面示意图可知褥垫层宽为 6200mm，根据褥垫层平面示意图可知褥垫层长为 21000mm。

图 5-11　褥垫层实物图

(2) 工程量计算

1) 清单工程量：

$V=21\times6.2\times0.03=3.906$ (m^3)。

2) 定额工程量。定额工程量同清单工程量。

【小贴士】 式中：21 为褥垫层的长度；6.2 为褥垫层的宽度；0.03 为褥垫层的厚度。

4. 路床（槽）整形

视频 5-3：路床整形

(1) 名词概念　路基的填挖方作业中，常因道路轴线的偏差，造成路堤（或路堑）轴线偏移，形成路床宽度达不到设计宽度的现象。为了保障路面结构有足够宽度，从而进行路床（槽）整形，如图 5-12 所示。

图 5-12　路床（槽）整形

(2) 案例导入与算量解析

【例 5-4】 已知某道路在路基挖填方过程中道路基线出现偏差，为保证路面结构有足够的宽度进行路床整形，路床整形平面图如图 5-13 所示，路床整形实物图如图 5-14 所示，试求该道路工程路床整形的工程量。

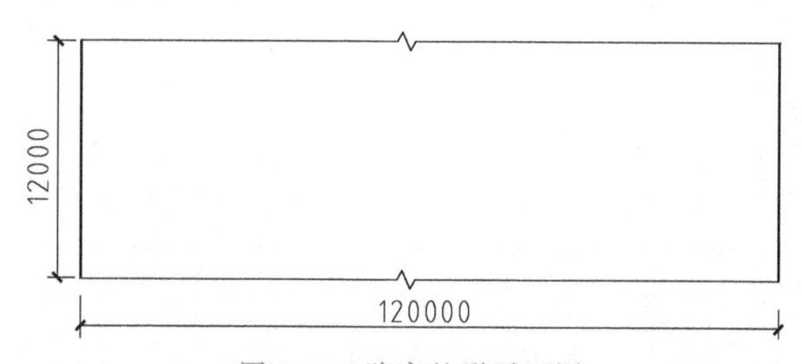

图 5-13　路床整形平面图

图 5-14　路床整形实物图

【解】

(1) 识图内容　根据路床整形平面图可知该工程长度为120m，宽度为12m。

(2) 工程量计算

1) 清单工程量：

$S=120\times12=1440$ (m^2)。

2) 定额工程量。定额工程量同清单工程量。

【小贴士】　式中：120为该工程路面整形的长度；12为该工程路面整形的宽度。

5. 沥青表面处治

(1) 名词概念　沥青表面处治是用沥青和细粒料按层铺或拌和方法施工，厚度一般为1.5~3cm的薄层路面面层。

由于处治层很薄，一般不起提高强度作用，其主要作用是抵抗行车的磨耗和大气作用，增强防水性，提高平整度，改善路面的行车条件。主要用于城市道路支路，县镇道路，各级公路施工便道以及在旧沥青面层上加铺罩面层或者磨损层，如图5-15所示。

图5-15　沥青表面处治

(2) 案例导入与算量解析

【例5-5】　已知新建道路路面用沥青表面处治，厚2cm，沥青表面处治平面图如图5-16所示，沥青表面处治实物图如图5-17所示，试求该道路工程路沥青表面处治的工程量。

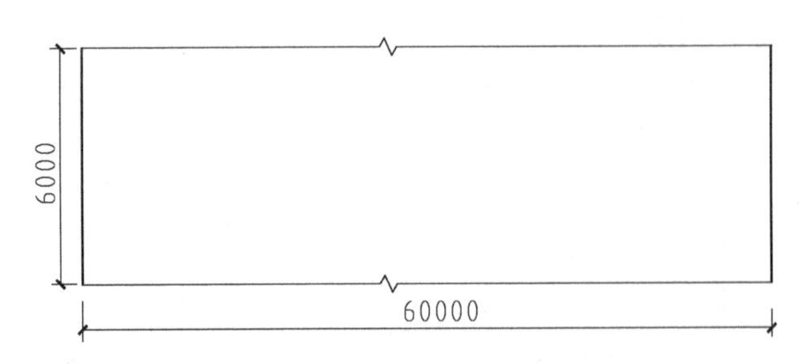

图5-16　沥青表面处治平面图

【解】

(1) 识图内容　根据道路沥青表面处治平面图可知该工程长度为60m，宽度为6m。

(2) 工程量计算

1) 清单工程量：

$S=60\times6=360$ (m^2)。

2) 定额工程量。定额工程量同清单工程量。

图5-17　沥青表面处治实物图

【小贴士】　式中：60为该工程沥青表面处治

的长度；6为该工程沥青表面处治的宽度。

视频5-4：侧缘石

6. 侧缘石

（1）名词概念　指的是顶面高出路面的路缘石，有标定车行道范围和纵向引导排除路面水的作用，如图5-18所示。

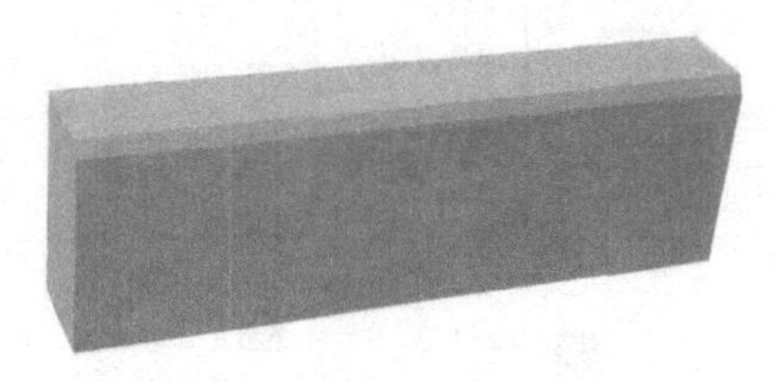

图5-18　侧缘石

（2）案例导入与算量解析

【例5-6】　某工程为混凝土结构，道路宽18m，长500m，道路两侧铺砌侧缘石，道路平面图如图5-19所示，道路实物图如5-20所示，求该工程侧缘石工程量。

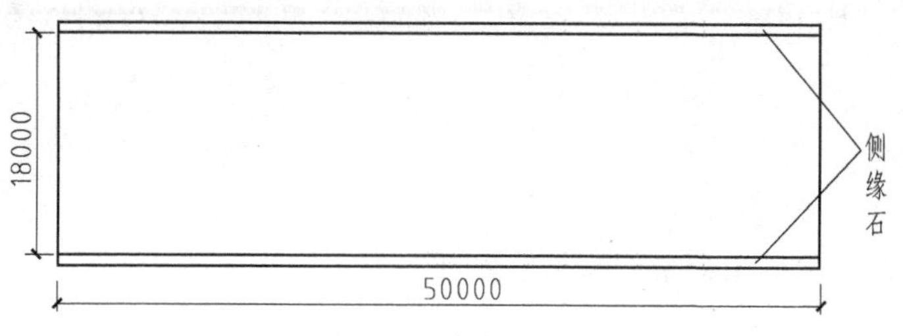

图5-19　道路平面图

【解】

（1）识图内容　根据道路平面图可知该道路长度为50m，宽度为18m。

（2）工程量计算

1）清单工程量：

$L=50\times2=100$（m）。

2）定额工程量。定额工程量同清单工程量。

【小贴士】　式中：50为该道路工程的长度；2为该道路工程铺砌侧缘石的道数。

图5-20　道路实物图

7. 信号灯

视频5-5：信号灯

（1）名词概念　道路交通信号灯是交通安全产品中的一个类别，是为了加强道路交通管理，减少交通事故的发生，提高道路使用效率，改善交通状况的一种重要工具。适用于十字、丁字等交叉路口，由道路交通信号控制机控制，指导车辆和行人安全有序地通行。LED（发光二极管）是近年来开发生产的一种新型光源，具有耗电小、亮度高、体积小、重量轻、寿命长等优点，现已逐步代替白炽灯、低压卤钨灯制作道路交通信号灯，如图5-21所示。

图5-21　信号灯

（2）案例导入与算量解析

【例5-7】　某路口信号灯示意图如图5-22所示，实物图如图5-23所示，求该路口信号灯工程量。

【解】

（1）识图内容　根据道路平面图可知信号灯数量为4套。

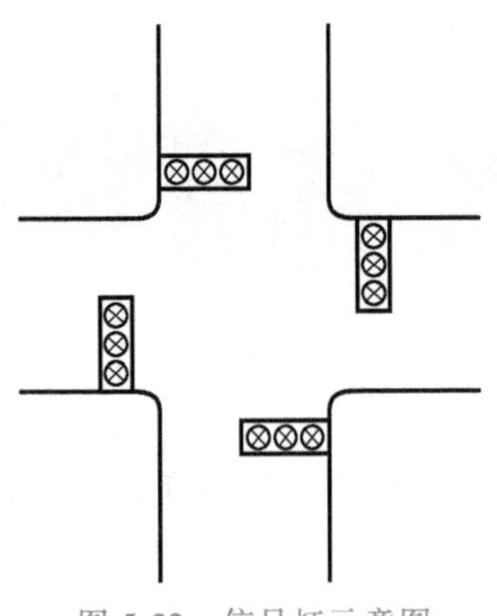

图 5-22 信号灯示意图

图 5-23 信号灯实物图

（2）工程量计算

1）清单工程量：

清单工程量=图示数量=4（套）。

2）定额工程量。定额工程量同清单工程量。

【小贴士】 式中：4 为图示数量。

5.2.3 关系识图与疑难分析

1. 关系识图

（1）石灰桩 .石灰桩是指用人工或机械在地基中成孔后，灌入生石灰块（或在生石灰块中掺入适量的水硬性掺合料，如粉煤灰、火山灰等），经振密或夯压后形成的桩柱体。石灰桩可应用于道路、码头、铁路、软弱地基等加固工程及托换工程和基坑支护工程等，如图 5-24 所示。

对于单一的以生石灰作为原料的石灰桩，生石灰水化后，石灰桩的直径可胀到原来所填的生石灰块屑体积的一倍。生石灰吸水膨胀后仍然存在着相当多的孔隙，当把胀发后显得相当硬的石灰团用手揉捏时，水分就会被挤出来，石灰块会变成稠糊状，这一现象说明不能过分依赖石灰桩桩体本身的强度。石灰桩的作用是使土挤实加固，而不是桩起承重作用。因此，对形成石灰桩的要求，是应能把四周软土中的水吸干，但要防止自身软化。

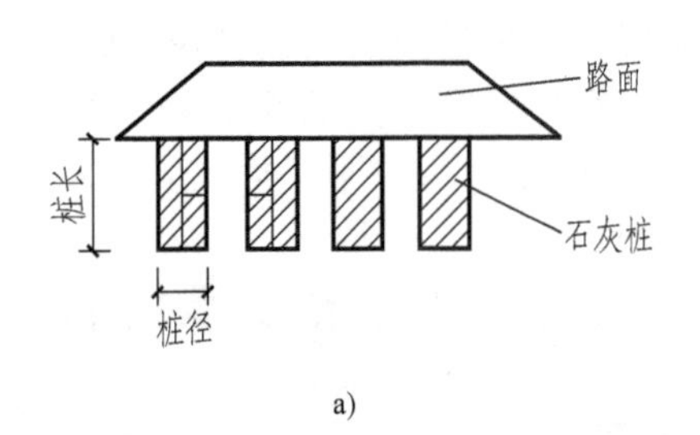

a)

b)

图 5-24 石灰桩

a）石灰桩示意图 b）石灰桩实物图

（2）排水沟 排水沟指的是将边沟、截水沟和路基附近、庄稼地里、住宅附近低洼处汇集的水引向路基、庄稼地、住宅地以外的水沟。排水沟设计按照排水系统工程布局和工程标准，确定田间排水沟深度和间距，并分析计算各级排水沟道和建筑物的流量、水位、断面尺寸和工程量。如图 5-25 所示。

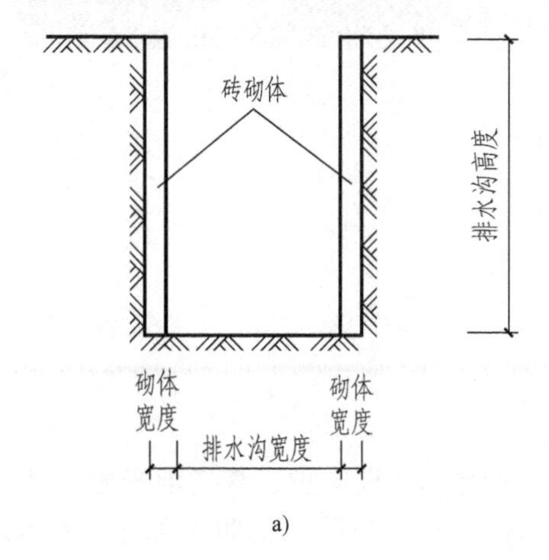

a)

b)

图 5-25 排水沟

a）排水沟示意图 b）排水沟实物图

1）排水沟宽度，不放坡排水沟顶与排水沟底宽度一致，放坡排水沟顶宽度比排水沟底宽度大。

2）排水沟高度是指原地面标高到排水沟底的高度。

3）砌体宽度是指排水沟内砌体的宽度。

4）砌体材料是指排水沟内砌体的材料，图 5-25 中为砖砌体。

（3）沥青混凝土道路结构图 沥青混凝土道路结构自下而上依次为 18cm 厚砂砾底垫层、15cm 厚水泥稳定土基层、5cm 厚中粒式沥青混凝土、2cm 厚细粒式沥青混凝土，如图 5-26 所示。

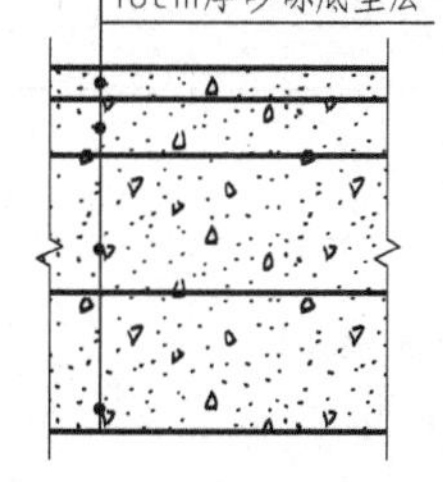

图 5-26 沥青混凝土道路结构图

2. 疑难分析

1）项目特征中的桩长应包括桩尖，空桩长度＝孔深－桩长，孔深为自然地面至设计桩底的深度。

2）道路基层宽度，按设计图示尺寸计算，当道路基层设计截面为梯形时，应按其截面平均宽度计算面积，并在项目特征中对截面参数加以描述。

3）道路路床碾压按设计道路路基宽度加设计加宽乘以路基长度以面积计算，不扣除各类井所占面积。设计中明确加宽值时，按设计规定计算。设计中为明确加宽值时，由各地区、部门自行制定。

4）人行道整形包括 10cm 以内的人工挖高填低、整平、碾压。

音频 5-2：道路工程疑难分析

第6章 桥涵工程

6.1 工程量计算依据

新的清单范围中桥涵工程划分的子目包含有桩基、基坑与边坡支护、现浇混凝土构件、预制混凝土构件、砌筑、立交箱涵、钢结构、装饰、其他、相关问题及说明十部分，共 86 个项目。

桥涵工程计算依据见表 6-1。

表 6-1 桥涵工程计算依据

项目名称	清单规则	定额规则
预制钢筋混凝土方桩	1)以米计量,按设计图示尺寸以桩长(包括桩尖)计算 2)以立方米计量,按设计图示桩长(包括桩尖)乘以桩的断面面积计算 3)以根计量,按设计图示数量计算	按桩长度(包括桩尖长度)乘以桩截面面积计算
钢管桩	1)以吨计量,按设计图示尺寸以质量计算 2)以根计量,按设计图示数量计算	按成品桩考虑,以“t”计算
人工挖孔灌注桩	1)以立方米计量,按桩芯混凝土体积计算 2)以根计量,按设计图示数量计算	人工挖孔工程量按护壁外缘包围的面积乘以深度计算,现浇混凝土护壁和灌注桩混凝土按设计图示尺寸以“m^3”计算。
预制钢筋混凝土板桩	1)以立方米计量,按设计图示桩长(包括桩尖)乘以桩的断面面积计算 2)以根计量,按设计图示数量计算	按桩长度(包括桩尖长度)乘以桩截面面积计算
咬合灌注桩	1)以米计量,按设计图示尺寸以桩长计算 2)以根计量,按设计图示数量计算	按设计图示单桩尺寸以“m^3”为单位计算
锚杆(索)	1)以米计量,按设计图示尺寸以钻孔深度计算 2)以根计量,按设计图示数量计算	按设计图示长度以“m”为单位计算
混凝土垫层	按设计图示尺寸以体积计算	按设计尺寸以实体积计算(不包括空心板、梁的空心体积),不扣除钢筋、钢丝、钢件、预留压浆孔道和螺栓所占体积
预制混凝土板	按设计图示尺寸以体积计算	按设计图示尺寸扣除空心体积,以实体积计算
砖砌体	按设计图示尺寸以体积计算	按设计砌体尺寸以立方米体积计算,嵌入砌体中的钢管、沉降缝、伸缩缝以及单孔面积 $0.3m^2$ 以内的预留孔所占体积不予扣除

（续）

项目名称	清单规则	定额规则
滑板	按设计图示尺寸以体积计算	箱涵滑板下的肋楞，其工程量并入滑板内计算
钢板梁	按设计图示尺寸以质量计算。不扣除孔眼的质量，焊条、铆钉、螺栓等不另增加质量	按设计图示的主材（不包括螺栓）质量，以“t”为单位计算

6.2　工程案例实战分析

6.2.1　问题导入

相关问题：

1）人工挖土灌注桩的工程量如何计算？

2）钢管桩的清单和定额工程量的计算有何区别？

3）现浇混凝土和预制混凝土构件有何优缺点？

4）地下连续墙是如何计算工程量的？

视频6-1：预制钢筋混凝土方桩

6.2.2　案例导入与算量解析

1. 桩基

（1）预制钢筋混凝土方桩

1）名词解释。预制钢筋混凝土桩是指在预制构件加工厂预制，经过养护，达到设计强度后，运至施工现场，用打桩机打入土中，然后在桩的顶部浇筑承台梁（板）基础。预制钢筋混凝土桩采用的混凝土强度等级不应低于C30。桩的受力钢筋直径不应小于12mm，一般配置4~8根主筋。为了抵抗锤击和穿越土层，在桩顶和桩尖部分应加密箍筋，把桩尖处的主筋弯起，焊在一根芯棒上。预制钢筋混凝土桩具有制作简便、强度高、刚度大和可制成各种截面形状的优点，是被广泛地采用的一种桩型。预制钢筋混凝土方桩如图6-1所示。

图6-1　预制钢筋混凝土方桩

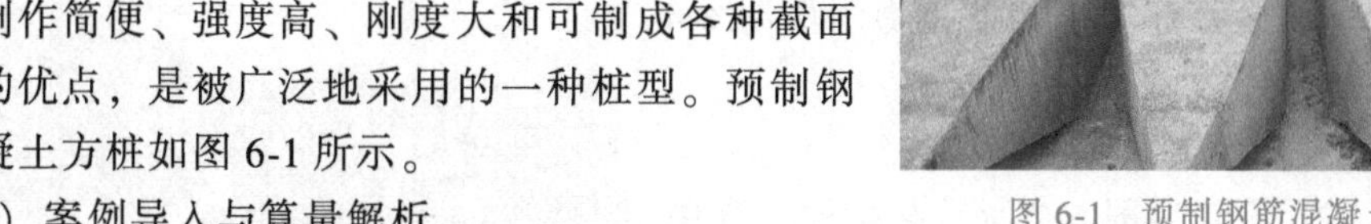

2）案例导入与算量解析。

【例6-1】　如图6-2、图6-3所示预制钢筋混凝土方桩，方形桩边长为350mm，设计桩长L为9m（包括桩尖），某桥台基础中共有10根C30预制钢筋混凝土方桩，采用焊接接桩，试计算该桥台基础中预制钢筋混凝土方桩的工程量。

音频6-1：预制钢筋混凝土桩的应用

【解】

（1）识图内容　通过题干内容可知预制钢筋混凝土方桩截面边长为350mm×350mm，根据预制钢筋混凝土方桩截面示意图可知桩长为9m。

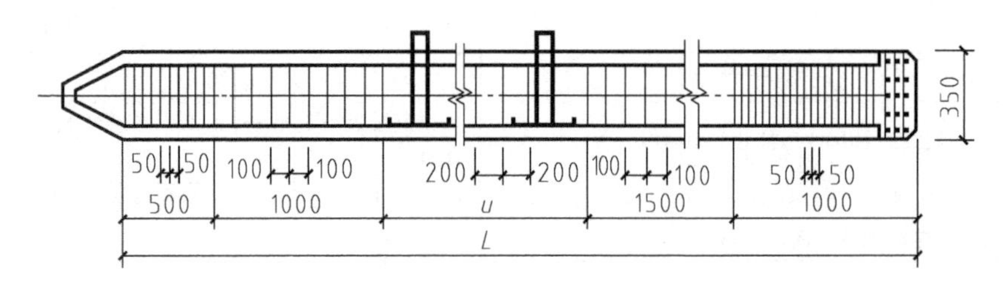

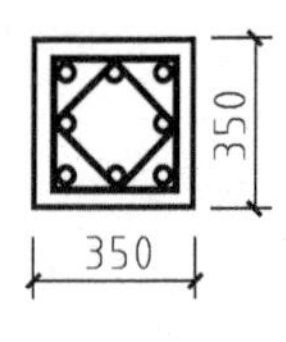

图 6-2　预制钢筋混凝土方桩截面示意图

（2）工程量计算

1）清单工程量：

以 m 计量，预制钢筋混凝土方桩工程量 $L=9\times10=90$（m）。

以 m^3 计量，预制钢筋混凝土方桩工程量 $V=0.35\times0.35\times9\times10=11.03$（$m^3$）。

以根计量，预制钢筋混凝土方桩工程量为 10 根。

2）定额工程量

以 m^3 计量，预制钢筋混凝土方桩工程量 $V=0.35\times0.35\times9\times10=11.03$（$m^3$）。

图 6-3　预制钢筋混凝土方桩实物示意图

【小贴士】 式中：0.35 为预制钢筋混凝土方桩截面边长；9 为预制钢筋混凝土方桩的桩长；10 为预制钢筋混凝土方桩的数量。

（2）钢管桩

1）名词解释。钢管桩由钢管、企口槽、企口销构成，钢管直径的左端管壁上竖向连接企口槽，企口槽的横断面为一边开口的方框形，在企口槽的侧面设有加强筋，钢管直径的右端管壁上且偏半径位置竖向连接有企口销，企口销的槽断面为工字形。

在围堰使用时钢管桩之间相互搭接呈弧形或圆形状，能起到围水、围土、围砂等作用。钢管桩具有设计新颖、结构简单、使用方便、搭接容易、密封性好的优点。包括横断面轮廓非圆形的、等壁厚的、变壁厚的、沿长度方向变直径和变壁厚的、断面对称和不对称的等，如方形、矩形、锥形、梯形、螺旋形管等。钢管桩实物图如图 6-4 所示。

图 6-4　钢管桩实物图

2）案例导入与算量解析。

【例 6-2】 如图 6-5~图 6-7 所示某桥梁工程中用钢管桩作为桥梁基础，钢管桩直径为 600mm，壁厚为 10mm，设计桩长 L 为 12m（包括桩尖），某桥梁基础中共有 30 根钢管桩，钢管的理论质量为 147.9kg/m，试计算该桥梁基础中钢管桩的工程量。

【解】

（1）识图内容　通过题干内容可知钢管桩直径为 600mm，壁厚为 10mm，钢管的理论质量为 147.9kg/m，根据钢管桩截面示意图可知桩长为 12m。

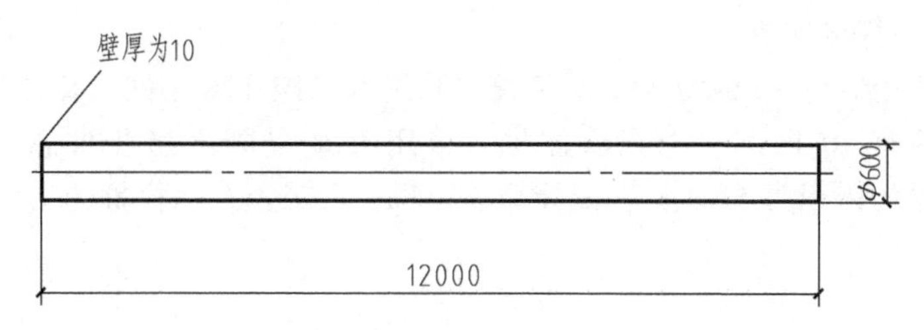

图 6-5 钢管桩剖面示意图

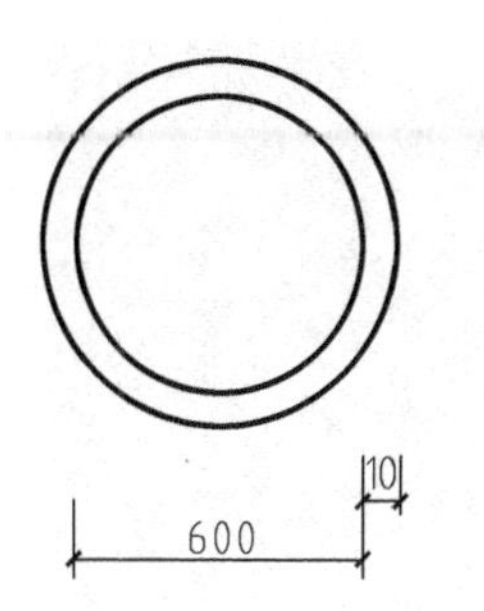

图 6-6 钢管桩横截面示意图

图 6-7 钢管桩实物示意图

(2) 工程量计算

1) 清单工程量:

以 t 计量，钢管桩工程量 = 12×30×147.9 = 53244 = 53.244 (t)。

以根计量，钢管桩工程量为 12 根。

2) 定额工程量:

以吨计量，钢管桩工程量 = 12×30×147.9 = 53244 = 53.244 (t)。

【小贴士】 式中：147.9 为直径 600mm、壁厚 10mm 的钢管桩的理论质量；12 为钢管桩的桩长；30 为钢管桩的数量。

(3) 人工挖孔灌注桩

1) 名词解释。人工挖孔灌注桩是指用人力挖土、现场浇筑的钢筋混凝土桩。人工挖孔灌注桩一般直径较粗，最细的也在 800mm 以上，能够承载楼层较少且压力较大的结构主体，应用比较普遍。桩的上面设置承台，再用承台梁拉结、连系起来，使各个桩的受力均匀分布，用以支承整个建筑物。

音频 6-2：人工挖孔桩的特点

人工挖孔灌注桩施工方便、速度较快、不需要大型机械设备，挖孔桩要比木桩、混凝土打入桩抗震能力强，造价比冲锥冲孔、冲击锥冲孔、冲击钻机冲孔、回旋钻机钻孔、沉井基础节省，从而在公路、民用建筑中得到广泛应用。但挖孔桩井下作业条件差、环境恶劣、劳动强度大，安全和质量显得尤为重要。场地内打降水井抽水，当确因施工需要采取小范围抽水时，应注意对周围地层及建筑物进行观察，发现异常情况应及时通知有关单位进行处理。人工挖孔灌注桩施工图如图 6-8 所示。

图 6-8 人工挖孔灌注桩施工图

2）案例导入与算量解析。

【例 6-3】 如图 6-9、图 6-10 所示某工程中采用人工挖孔灌注桩，直径为 820mm，桩深为 27m，基础中共有 10 根人工挖孔灌注桩，采用 C20 混凝土灌注桩芯，桩芯的体积为 9.25m^3，红砖护壁的体积为 5.01m^3，试计算该工程中人工挖孔灌注桩的工程量。

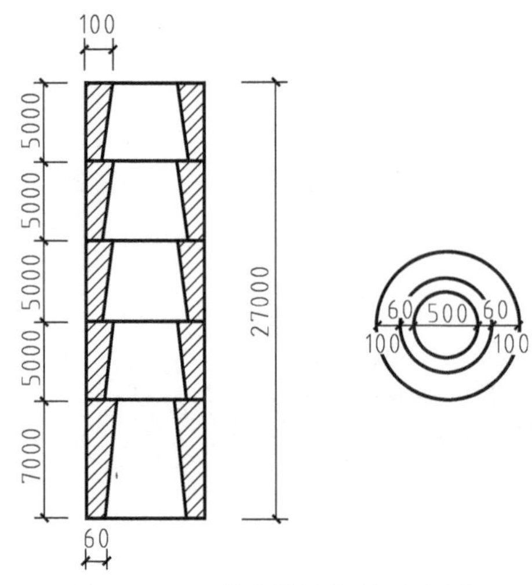

图 6-9 人工挖孔灌注桩剖面示意图

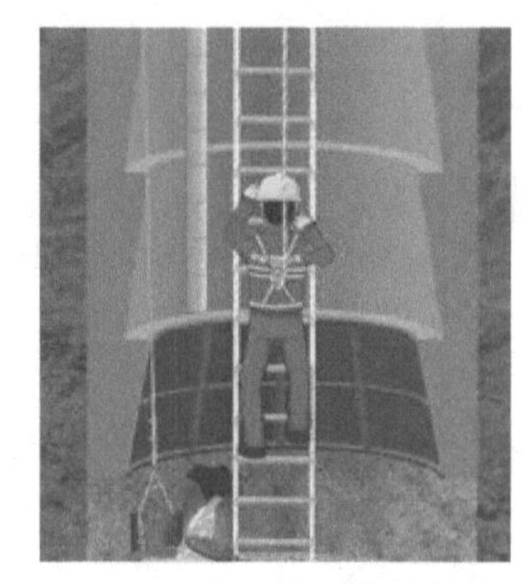

图 6-10 人工挖孔灌注桩实物示意图

【解】

（1）识图内容 通过题干内容可知人工挖孔灌注桩的直径为 820mm，桩芯混凝土体积为 9.25m^3，红砖护壁的体积为 5.01m^3，桩深为 27m。

（2）工程量计算

1）清单工程量：

以"m^3"计量，人工挖孔灌注桩工程量 = 10×9.25 = 92.5（m^3）。

以根计量，人工挖孔灌注桩工程量为 10 根。

2）定额工程量：

以"m^3"计量，人工挖孔灌注桩工程量 = 0.41×0.41×3.14×27×10 = 142.52（m^3）。

【小贴士】 式中：10 为人工挖孔灌注桩的数量；9.25 为桩芯混凝土体积；0.41 为人工挖孔灌注桩护壁外缘包围的半径；27 为桩深。

2. 基坑与边坡支护

（1）钢筋混凝土板桩

1）名词解释。钢筋混凝土板桩具有强度高、刚度大、取材方便、施工简易等优点，其外形可以根据需要设计制作，槽榫结构可以解决接缝防水，与钢板桩相比不必考虑拔桩问题，因此在基坑工程中占有一席之地。在地下连续墙、钻孔灌注桩、排桩式挡墙尚未发展以前，基坑围护结构基本采用钢板桩和混凝土板桩。

视频 6-2：预制混凝土板

音频 6-3：桥梁工程中预制混凝土板的应用

由于国内长期以来仅限于锤击沉桩，且锤击设备能力有限，桩的尺寸、长度受到一定限制，基坑适用深度有限，钢筋混凝土板桩应用和发展一度低迷。随着沉桩设备的发展，且沉桩方法除锤击外又增加了液压沉桩、高压水沉桩，支撑方式从简单的悬臂式、锚碇式发展到斜地锚和多层内支撑等各种形式，给钢筋混凝土板桩带来了广泛的应用前景。钢筋混凝土板桩的形式如图6-11所示。

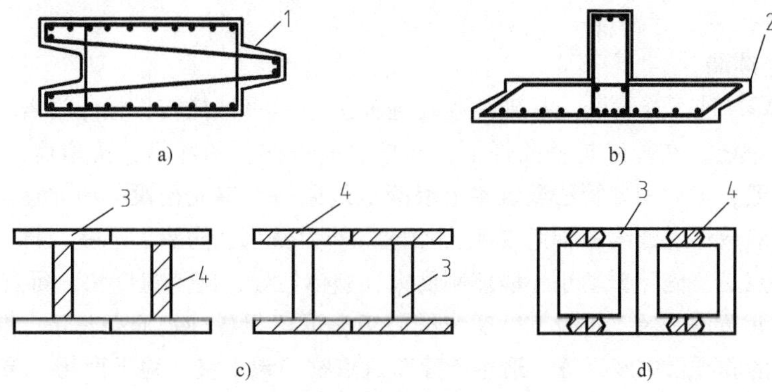

图6-11 钢筋混凝土板桩的形式

a）矩形 b）T形 c）工字形 d）口字形

1—槽榫 2—踏步式接头 3—预制薄板 4—现浇板

2）案例导入与算量解析。

【例6-4】 如图6-12、图6-13所示某工程中采用预制钢筋混凝土板桩，桩长为10m，桩的厚度为16cm，桩的宽度为10cm，共有20根预制钢筋混凝土板桩，采用C25混凝土，试计算该工程中预制钢筋混凝土板桩的工程量。

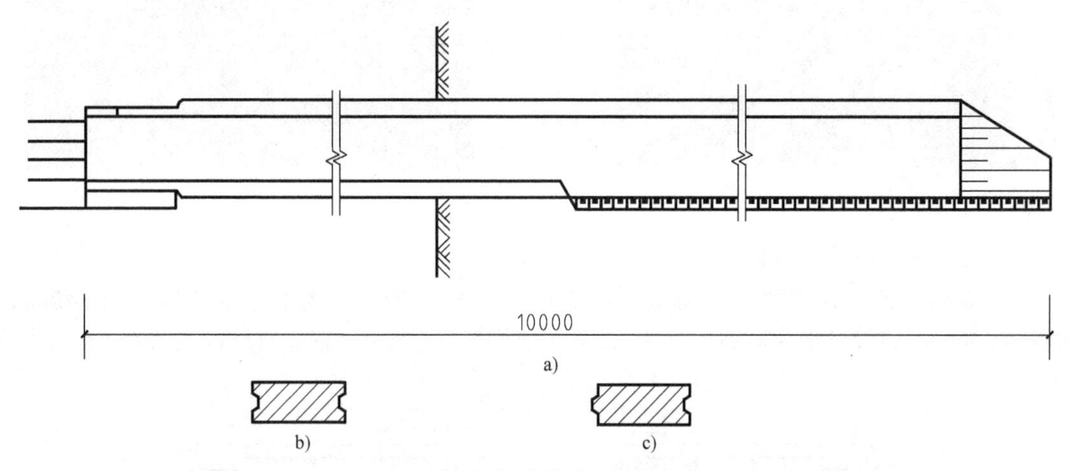

图6-12 预制钢筋混凝土板桩示意图

a）预制钢筋混凝土板桩构造图 b）左部板桩截面图 c）右部板桩截面图

【解】

（1）识图内容 通过题干内容可知预制钢筋混凝土板桩的桩长为10m，桩的厚度为16cm，桩的宽度为10cm，桩的数量为20根。

（2）工程量计算

1）清单工程量：

以“m^3”计量，预制钢筋混凝土板桩工程量$=0.1\times0.16\times10\times20=3.2$（$m^3$）。

以“根”计量，预制钢筋混凝土板桩工程量为20根。

2）定额工程量：

以“m^3”计量，预制钢筋混凝土板桩工程量=0.1×0.16×10×20=3.2（m^3）。

【小贴士】 式中：0.1×0.16为预制钢筋混凝土板桩的截面尺寸，10为预制钢筋混凝土板桩的长度，20为预制钢筋混凝土板桩的数量。

（2）地下连续墙

视频6-3：地下连续墙

1）名词解释。地下连续墙是基础工程在地面上采用一种挖槽机械，沿着开挖工程的周边轴线，在泥浆护壁条件下，开挖出一条狭长的深槽，清槽后，在槽内吊放钢筋笼，然后用导管法灌筑水下混凝土筑成一个单元槽段，如此逐段进行，在地下筑成一道连续的钢筋混凝土墙壁，作为截水、防渗、承重、挡水结构。本法特点是：施工振动小，墙体刚度大，整体性好，施工速度快，可省土石方，可用于密集建筑群中建造深基坑支护及进行逆作法施工，可用于各种地质条件下，包括砂性土层、粒径50mm以下的砂砾层中施工等。适用于建造建筑物的地下室、地下商场、停车场、地下油库、挡土墙、高层建筑的深基础、逆作法施工围护结构、工业建筑的深池、坑、竖井等。

地下连续墙如图6-14所示。

图6-13 预制钢筋混凝土板桩制作图

图6-14 地下连续墙

2）案例导入与算量解析。

【例6-5】 某工程中地下连续墙如图6-15、图6-16所示，地下连续墙厚度为840mm，槽深为1500mm，设计墙中心线长度为80m，试计算该工程中地下连续墙的工程量。

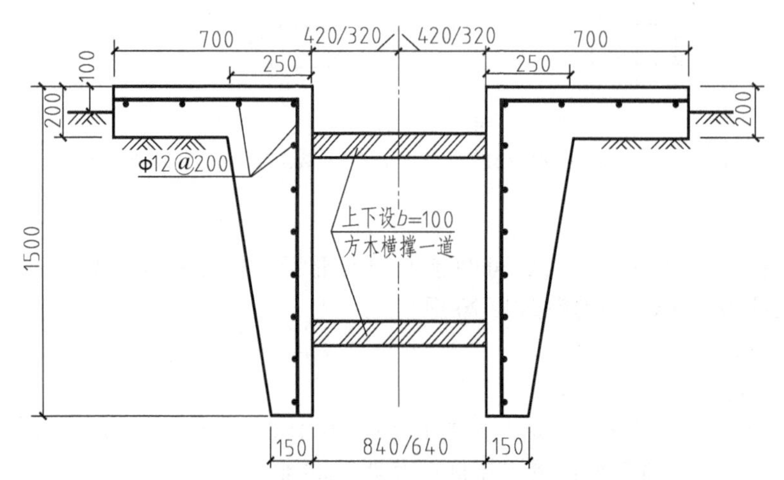

图6-15 地下连续墙剖面示意图

【解】

（1）识图内容　通过题干内容可知地下连续墙厚度为 840mm，槽深为 1500mm，设计墙中心线长度为 80m。

（2）工程量计算

1）清单工程量：

以“m^3”计量，地下连续墙工程量 $V=80\times0.84\times1.5=100.8$（$m^3$）。

2）定额工程量：

定额工程量同清单工程量＝100.8（m^3）。

【小贴士】　式中：80 为设计墙中心线长度，0.84 为地下连续墙厚度，1.5 为槽深。

（3）咬合灌注桩

1）名词解释。咬合灌注桩是相邻混凝土排桩间部分圆周镶嵌，并于后序次相间施工的桩内输入钢筋笼，使之形成具有良好防渗作用的整体连续防水、挡土围护结构。

咬合灌注桩是基坑护壁的一种方式。基坑开挖后，边坡的土方会因为侧压力向坑内垮塌，所以需要基坑护壁。基坑护壁方法很多，打锚杆、土钉、喷射混凝土、护壁桩等。护壁桩按桩排列的形式又分咬合和非咬合，咬合桩截面类似奥迪车的标注，一个圆圈咬着另一个圆圈，这样形成的护壁桩墙，可以防止透水。而非咬合桩，是一个桩和相邻的桩间隔开，一般桩间还要做混凝土护壁。

咬合灌注桩如图 6-17 所示。

图 6-16　地下连续墙施工现场图

图 6-17　咬合灌注桩

2）案例导入与算量解析。

【例 6-6】　某工程中基础用咬合灌注桩示意图如图 6-18 所示，咬合灌注桩现场施工图如图 6-19 所示，灌注桩直径为 2000mm，桩长为 26000mm，试计算该工程中地下连续墙的工程量。

【解】

（1）识图内容　通过题干内容可知灌注桩直径为 2000mm，桩长为 26000mm。

（2）工程量计算

1）清单工程量：

以“m”计量，咬合灌注桩工程量 $L=26$（m）

以“根”计量，咬合灌注桩为 1 根。

2）定额工程量：

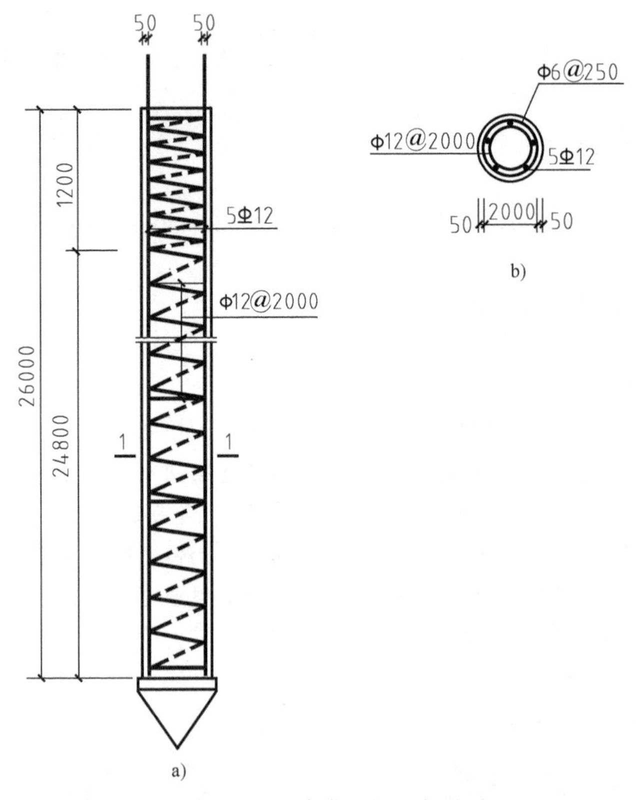

图 6-18 咬合灌注桩示意图

a）立面图 b）1—1 剖面图

以“m^3”计量，咬合灌注桩工程量 $V=1^2\times3.14\times26=81.64$（$m^3$）。

【小贴士】 式中：26 为咬合灌注桩长度，1 为咬合灌注桩的半径。

图 6-19 咬合灌注桩施工现场图

（4）锚杆（索）

1）名词解释。锚杆是当代煤矿中巷道支护的最基本的组成部分，它将巷道的围岩加固在一起，使围岩自身支护自身。锚杆不仅用于矿山，也用于工程技术中，对边坡、隧道、坝体进行主体加固。锚杆作为深入地层的受拉构件，它一端与工程构筑物连接，另一端深入地层中，整根锚杆分为自由段和锚固段，自由段是指将锚杆头处的拉力传至锚固体的区域，其功能是对锚杆施加预应力。锚杆如图 6-20 所示。

锚索是指在吊桥中在边孔将主缆进行锚固时，要将主缆分为许多股钢束分别锚于锚锭内，这些钢束便称之为锚索。锚索是通过外端固定于坡面，另一端锚固在滑动面以内的稳定岩体中穿过边坡滑动面的预应力钢绞线，直接在滑面上产生抗滑阻力，增大抗滑摩擦阻力，使结构面处于压紧状态，以提高边坡岩体的整体性，从而从根本上改善岩体的力学性能，有效地控制岩体的位移，促使其稳定，达到整治顺层、滑坡及危岩、危石的目的。锚索如图 6-21 所示。

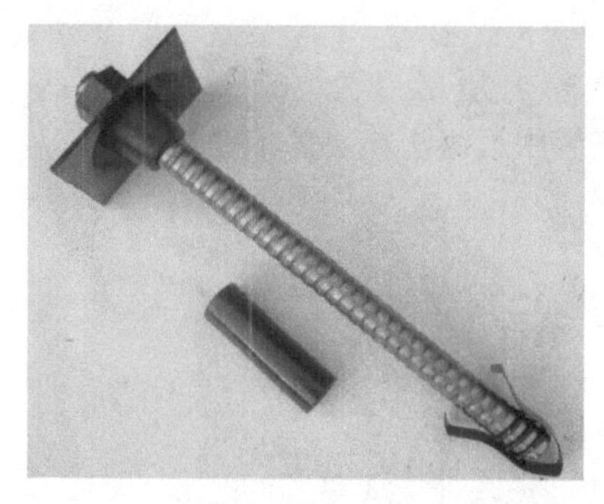

图 6-20　锚杆

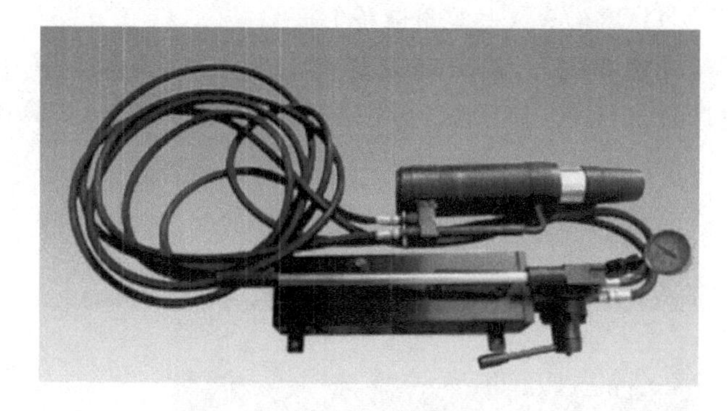

图 6-21　锚索

2）案例导入与算量解析。

【例 6-7】　某工程中土层锚杆如图 6-22 所示，土层锚杆直径为 150mm，1 道锚杆长度为 18m，2 道锚杆长度为 25m，采用 C25 混凝土，该工程共有 10 组锚杆，试计算该工程中锚杆的工程量。

【解】

（1）识图内容　通过题干内容可知锚杆直径为 150mm，1 道锚杆长度为 18m，2 道锚杆长度为 25m，锚杆组数为 10 组。

（2）工程量计算

1）清单工程量：

以“m”计量，锚杆工程量 $L=(18+25)\times10=430$（m）。

以“根”计量，锚杆工程量为 20 根。

2）定额工程量：

以“m”计量，锚杆工程量 $L=(18+25)\times10=430$（m）。

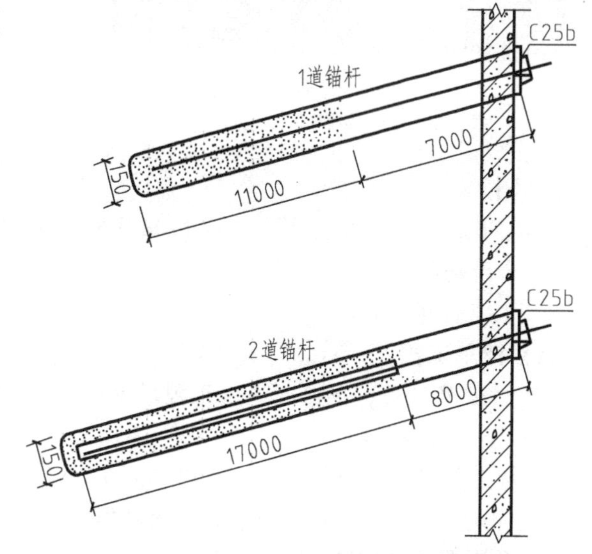

图 6-22　土层锚杆构造示意图

【小贴士】　式中：18 为锚杆 1 的长度，25 为锚杆 2 的长度，10 为锚杆的数量。

3. 混凝土垫层

1）名词解释。垫层为介于基层与土基之间的结构层，在土基水稳状况不良时，用以改善土基的水稳状况，提高路面结构的水稳性和抗冻胀能力，并可扩散荷载，以减少土基变形。因此，通常在土基湿、温状况不良时设置。垫层材料的强度要求不一定高，但是其水稳定性必须要好。

混凝土垫层是钢筋混凝土基础与地基土的中间层，作用是使其表面平整，便于在上面绑扎钢筋，也起到保护基础的作用，一般是素混凝土的，无须加钢筋。如有钢筋则不能称其为垫层，应视为基础底板。钢筋混凝土基础受力钢筋的保护层：当有垫层时为 40mm；无垫层时为 70mm。混凝土垫层如图 6-23 所示。

2）案例导入与算量解析。

【例 6-8】 某砖基础详图如图 6-24 所示，其中混凝土垫层厚为 100mm，底面为 1100mm×1100mm，该工程中共有 6 个砖基础，试计算该工程中混凝土垫层的工程量。

图 6-23 混凝土垫层

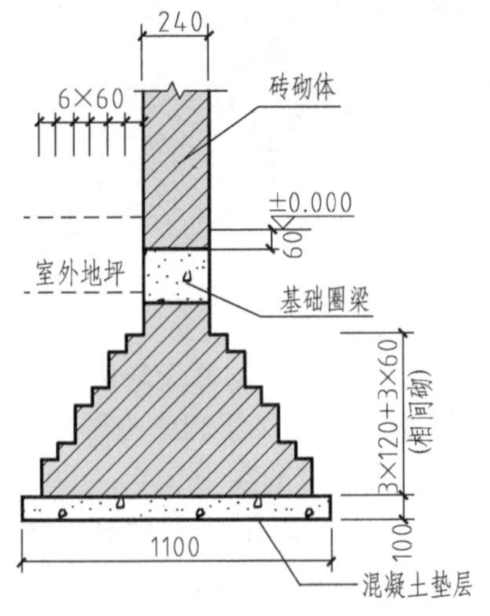

图 6-24 砖基础详图

【解】

（1）识图内容 通过题干内容可知混凝土垫层厚为 100mm，底面为 1100mm×1100mm，共有 6 个砖基础。

（2）工程量计算

1）清单工程量：

以“m^3”计量，混凝土垫层工程量 $V=0.1\times1.1\times1.1\times6=0.73$（$m^3$）。

2）定额工程量：

定额工程量同清单工程量 = 0.73（m^3）。

【小贴士】 式中：0.1 为混凝土垫层厚度，1.1×1.1 为垫层尺寸，6 为垫层的数量。

4. 预制混凝土构件

（1）预制混凝土板

1）名词解释。预制板是 20 世纪早期建筑中用的楼板，就是工程要用到的模件或板块。因为是在预制场生产加工成型的混凝土预制件，直接运到施工现场进行安装，所以称为预制板。制作预制板时，先用木板钉制空心模型，在模型的空心部分布上钢筋后，用水泥灌满空心部分，等干后敲去木板，剩下的就是预制板了。预制板在建筑上的用处很多，如公路旁边的水沟上盖住的水泥板；房顶上做隔热层的水泥板都是预制板。现如今房屋建筑已经淘汰这种方式，改为框架结构，钢筋混凝土结构，安全质量进一步提高。预制混凝土板如图 6-25 所示。

图 6-25 预制混凝土板

2）案例导入与算量解析。

【例6-9】 某桥梁用预制混凝土板详图如图6-26所示，其中预制混凝土板厚度为120mm，标准跨径为12m，跨数为5跨，桥面宽度为10m，试计算该工程中预制混凝土板的工程量。

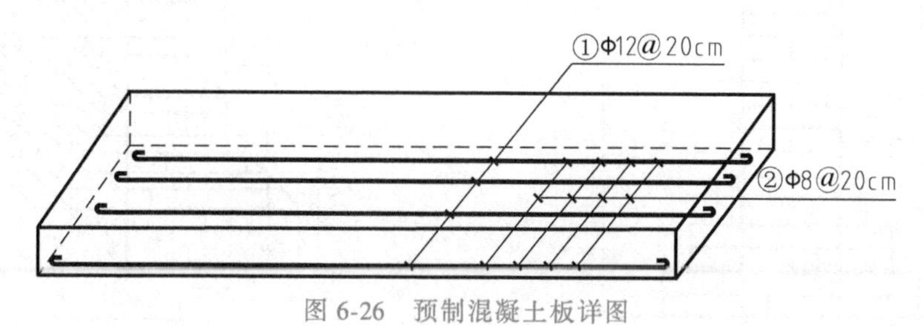

图6-26 预制混凝土板详图

【解】

（1）识图内容 通过题干内容可知预制混凝土板厚度为120mm，标准跨径为12m，桥面宽度为10m。

（2）工程量计算

1）清单工程量：

以“m^3”计量，混凝土垫层工程量 $V=12\times5\times10\times0.12=72$（$m^3$）。

2）定额工程量：

定额工程量同清单工程量=72（m^3）

【小贴士】 式中：12×5为预制混凝土板长度，10为桥面宽度，0.12为预制混凝土板厚度。

（2）砖砌体

1）名词解释。砖砌体是用砖和砂浆砌筑成的，是使用较广的一种建筑砌体。根据砌体中是否配置钢筋，分为无筋砖砌体和配筋砖砌体。砖砌体如图6-27所示。

图6-27 砖砌体

2）案例导入与算量解析。

【例6-10】 某等高式大放脚详图如图6-28所示，三维图如图6-29所示，其中砖基础高度为840mm，240mm厚砖墙的砖基础大放脚折加高度为0.394m，砖基础宽度为1200m，试计算该工程中砖砌体的工程量。

【解】

（1）识图内容 通过题干内容可知砖基础高度为840mm，240mm厚砖墙的砖基础大放脚折加高度为0.394m，放脚层数为3层，放脚高度为120mm。

视频6-4：砖砌体

（2）工程量计算

1）清单工程量：

以“m^3”计量，砖砌体工程量 $V=(0.84+0.394)\times0.24\times1.2=0.36$（$m^3$）。

2）定额工程量：

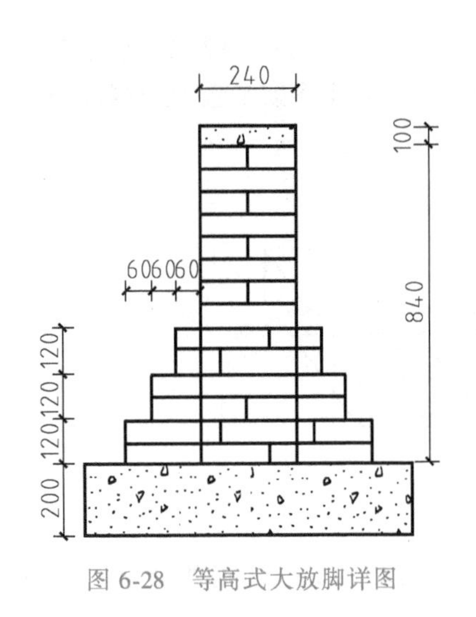

图 6-28　等高式大放脚详图

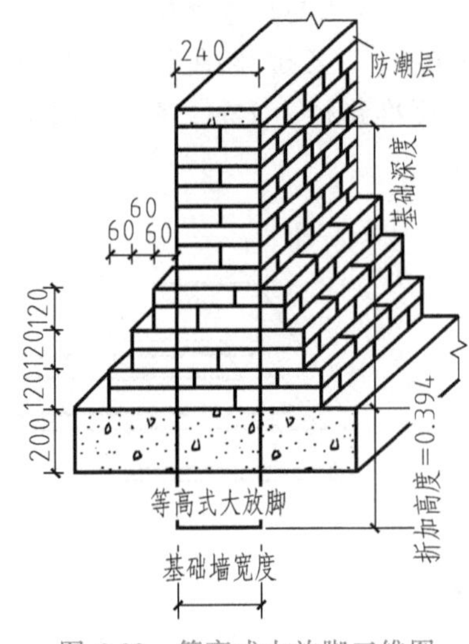

图 6-29　等高式大放脚三维图

定额工程量同清单工程量=0.36（m^3）。

【小贴士】 式中：0.84 为砖砌体高度，0.394 为折加高度，0.24 为砖墙厚度，1.2 为砖砌体长度。

5. 立箱桥涵

主要介绍滑板。

1）名词解释。滑板用于箱涵顶进，既制作箱涵的支撑面又对箱涵启动起决定作用，要求光滑平整，有足够的强度，箱涵前进时不得同步移动。

在基坑开挖到设计要求时进行滑板制作，箱涵在滑板上进行预制，然后利用油压千斤顶的顶进使箱涵在滑板上滑行，逐渐进入前方土体，所以从其作用来讲，称为滑板。滑板须承受箱涵自重和箱涵顶进时克服滑板与箱涵间摩阻力而产生的拉力，因此必须有足够的拉力强度。为了尽量减小箱涵与滑板产生的摩阻力，表面必须满足一定的平整度要求，在滑板表面涂上润滑剂。滑板如图 6-30 和图 6-31 所示。

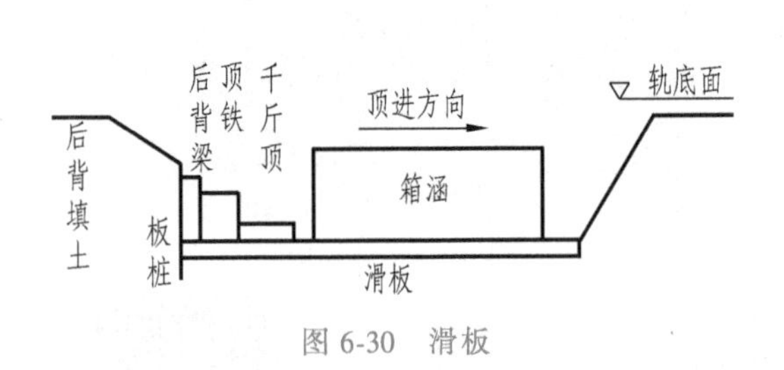

图 6-30　滑板

滑板

图 6-31　滑板实物图

2）案例导入与算量解析。

【例 6-11】 某桥梁主箱涵断面图如图 6-32 所示，锯齿形钢筋混凝土刃脚如图 6-33 所示，箱涵为单箱三孔箱涵，净宽 8+12+8（m），其中滑板宽度为 31m，长 100m，厚度为 80cm，采用 C40 混凝土，砖基础宽度为 1200m，试计算该工程中滑板的工程量。

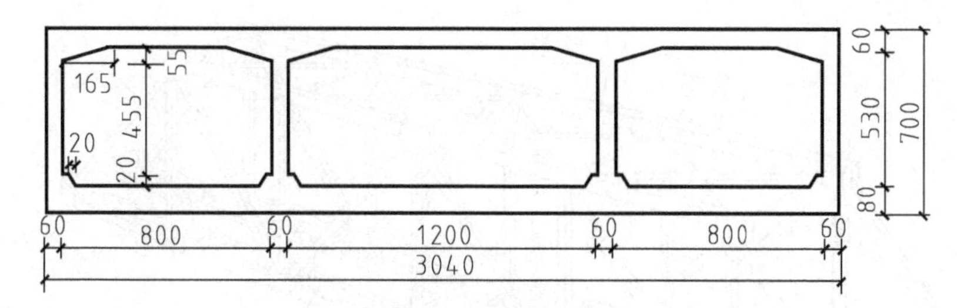

图 6-32　某桥梁主箱涵断面图（单位：cm）

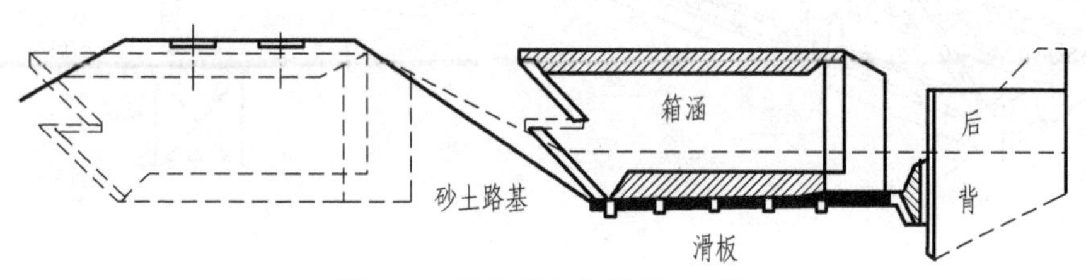

图 6-33　锯齿形钢筋混凝土刃脚

【解】

（1）识图内容　通过题干内容可知滑板宽度为 31m，长 100m，厚度为 80cm。

（2）工程量计算

1）清单工程量：

以“m^3”计量，滑板工程量 $V=31\times100\times0.8=2480$（$m^3$）。

2）定额工程量：

定额工程量同清单工程量 = 2480（m^3）。

【小贴士】　式中：31×100 为滑板平面尺寸，0.8 为滑板混凝土厚度。

6. 钢结构

主要介绍钢板梁。

1）名词解释。桥梁上部结构主要有板梁、箱梁和 T 形梁，指的是桥梁主梁断面形式，梁式桥梁横断面形式一般有：板（分为空心板和实心板）、T 梁、箱梁（分为预制和现浇、小箱梁和箱梁）等。板梁根据形态包括工字形板梁、空心板梁等，是指由钢板组合而成的梁型结构构件。基本截面形状为工字形，上下横板称为翼板，中间立板称为腹板。有的板梁中间焊有若干加强筋。根据组合方式可以分为焊接板梁、高强螺栓板梁和异种钢板梁等。

钢板梁如图 6-34 所示。

2）案例导入与算量解析。

【例 6-12】　某板梁桥的上承板梁如图 6-35 所示，其全桥长为 60m，一跨为如图所示细部构造，其中加劲角钢以 3m 设计，计算钢板梁工程量。

【解】

（1）识图内容　通过题干内容可知。

（2）工程量计算

1）清单工程量：

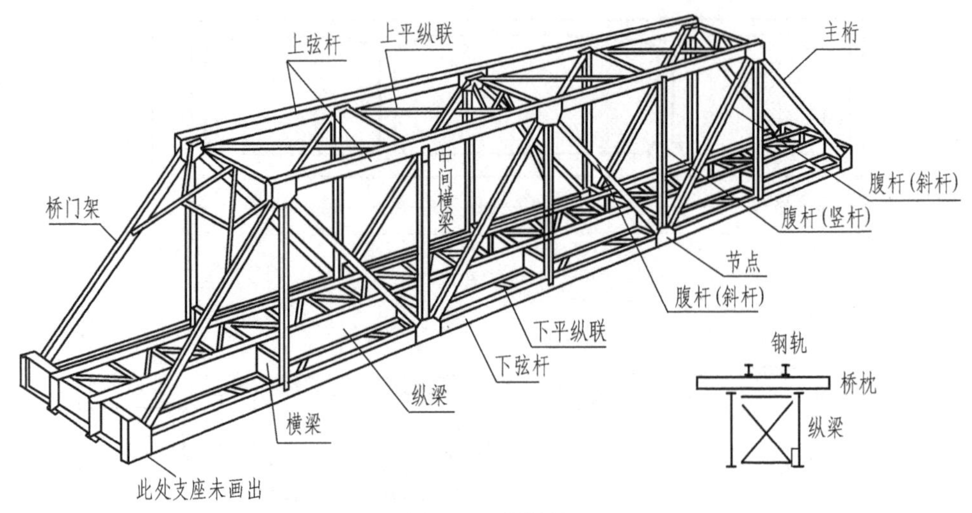

图 6-34 钢板梁

以“m^3”计量，滑板工程量 $V_1=6.1\times0.2\times15=18.3$（$m^3$）。

$V_2=0.1\times15\times0.8=1.2$（$m^3$）。

$V_3=3\times0.08\times0.8-1.5\times0.1\times0.05\times2=0.18$（$m^3$）。

$V=(4V_1+2V_2+6V_3)\times4=(4\times18.3+2\times1.2+6\times0.18)\times4=306.72$（$m^3$）。

钢的密度为 $7.85\times10^3 kg/m^3$。

$m=(7.85\times10^3\times306.72)kg=2407752kg=2407.75t$。

2）定额工程量：

定额工程量同清单工程量=2407.75（t）。

【小贴士】 式中：6.1 为钢板梁顶板和底板宽度，0.2 为其厚度，15 为桥一跨的长度，0.1 为钢板梁腹板的厚度，0.8 为腹板高度，3 为肋板宽度，0.05 为肋板厚度，1.5 为肋板底面空洞部分宽度，0.1 为其高度。

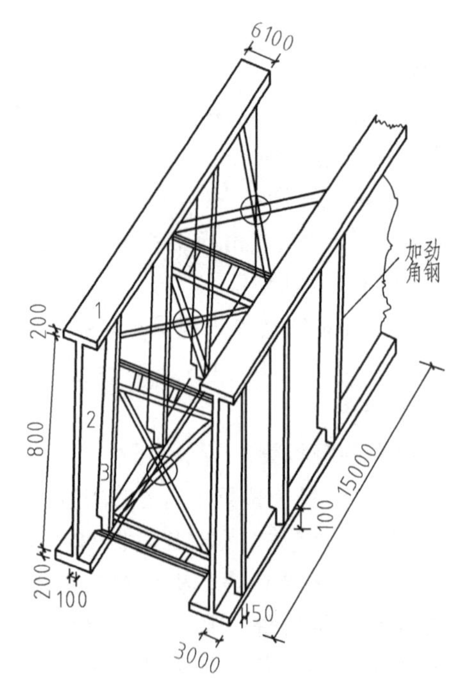

图 6-35 上承板梁（单位：cm）

6.3 关系识图与疑难分析

6.3.1 关系识图

1. 桥梁的组成

从传递荷载功能上划分，桥梁可分为：

（1）桥跨结构（上部结构） 桥跨结构可直接承担使用荷载。

（2）桥墩、桥台、支座（下部结构） 下部结构可将上部结构的荷载传递到基础中去，挡住路堤的土层，以保证桥梁的温差伸缩。

（3）基础 基础的作用是将桥梁结构的反力传递到地基。桥梁的组成如图6-36所示。

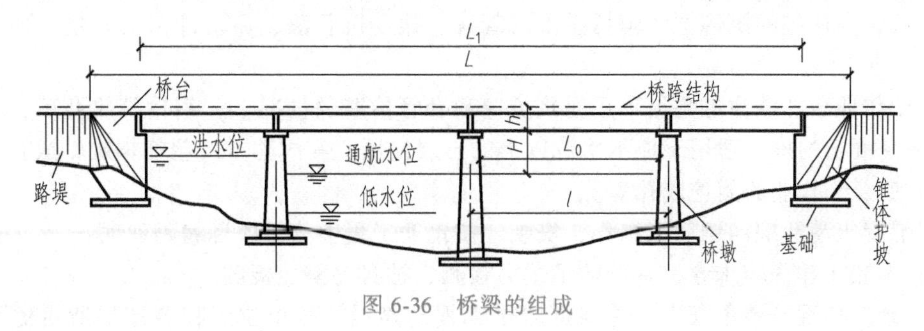

图6-36 桥梁的组成

2. 桥身

桥身构造图如图6-37所示，桥台由台帽、台身、承台和预制打入桩组成，桥身由桥面铺装层、中板、次边板、边板支座、防震块、墩帽、桥墩。立柱、承台和预制桩组成。

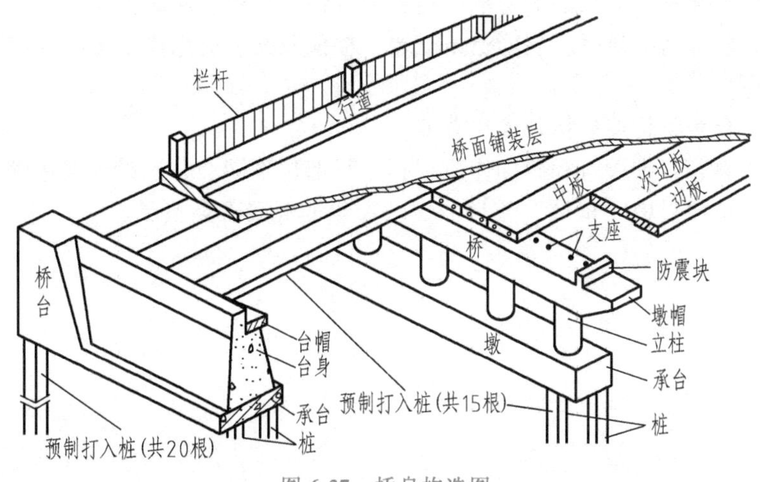

图6-37 桥身构造图

6.3.2 疑难分析

1）地层情况按清单中的规定，并根据岩土工程勘察报告按单位工程各地层所占比例（包括范围值）进行描述。对无法准确描述的地层情况，可注明由投标人根据岩土工程勘察报告自行决定报价。

2）各类混凝土预制桩以成品桩考虑，应包括成品桩购置费，如果用现场预制，应包括现场预制桩的所有费用。

3）项目特征中的桩截面、混凝土强度等级、桩类型等可直接用标准图代号或设计桩型进行描述。

4）打试验桩和打斜桩应按相应项目编码单独列项，并应在项目特征中注明试验桩或斜桩（斜率）。

5）项目特征中的桩长应包括桩尖，空桩长度=孔深-桩长，孔深为自然地面至设计桩底的深度。

6）泥浆护壁成孔灌注桩是指在泥浆护壁条件下成孔，采用水下灌注混凝土的桩。其成孔方法包括冲击钻成孔、冲抓锥成孔、回旋钻成孔、潜水钻成孔、泥浆护壁的旋挖成孔等。

7）沉管灌注桩的沉管方法包括捶击沉管法、振动沉管法、振动冲击沉管法、内夯沉管法等。

8）干作业成孔灌注桩是指不用泥浆护壁和套管护壁的情况下，用钻机成孔后，下钢筋笼，灌注混凝土的桩，适用于地下水位以上的土层使用。其成孔方法包括螺旋钻成孔、螺旋钻成孔扩底、干作业的旋挖成孔等。

9）混凝土灌注桩的钢筋笼制作、安装，按钢筋工程中相关项目编码列项。

10）本表工作内容未含桩基础的承载力检测、桩身完整性检测。

11）地层情况按清单规定，并根据岩土工程勘察报告按单位工程各地层所占比例（包括范围值）进行描述。对无法准确描述的地层情况，可注明由投标人根据岩土工程勘察报告自行决定报价。

12）地下连续墙和喷射混凝土的钢筋网制作、安装，按钢筋工程中相关项目编码列项。基坑与边坡支护的排桩按本规范附清单中相关项目编码列项。水泥土墙、坑内加固按本规范道路工程中相关项目编码列项。混凝土挡土墙、桩顶冠梁、支撑体系按本规范隧道工程中相关项目编码列项。

13）台帽、台盖梁均应包括耳墙、背墙。

14）干砌块料、浆砌块料和砖砌体应根据工程部位不同，分别设置清单编码。

15）本节清单项目中“垫层”指碎石、块石等非混凝土类垫层。

第7章 隧道工程

7.1 工程量计算依据

隧道岩石开挖工程量清单项目设置及工程量计算规则，应按表7-1的规定执行。

表7-1 隧道岩石开挖工程量清单项目设置及工程量计算规则

项目名称	清单规则	定额规则
平洞开挖	按设计图示结构断面尺寸乘以长度以体积计算	按图示开挖断面尺寸，另加允许超挖量计算
地沟开挖		按设计地沟断面尺寸以体积计算
小导管	按设计图示尺寸以长度计算	按设计图示尺寸以长度计算
管棚		
注浆	按设计注浆量以体积计算	按设计图示尺寸以填充体积计算

岩石隧道衬砌工程量清单项目设置及工程量计算规则，应按表7-2的规定执行。

表7-2 岩石隧道衬砌工程量清单项目设置及工程量计算规则

项目名称	清单规则	定额规则
混凝土仰拱衬砌	按设计图示尺寸以体积计算	按照设计图示尺寸以衬砌体积加允许超挖量的体积计算，不扣除 $0.3m^2$ 以内孔洞所占体积
混凝土顶拱衬砌		
混凝土边墙衬砌		
充填压浆	按设计图示尺寸以体积计算	按设计图示尺寸以填充体积计算
变形缝	按设计图示尺寸以长度计算	按设计图示尺寸以长度计算
施工缝		
柔性防水层	按设计图示尺寸以面积计算	按设计图示尺寸以结构防水面积计算

盾构掘进、隧道沉井工程量清单项目设置及工程量计算规则，应按表7-3的规定执行。

表7-3 盾构掘进、隧道沉井工程量清单项目设置及工程量计算规则

项目名称	清单规则	定额规则
盾构吊装及吊拆	按设计图示数量计算	盾构机吊装、吊拆按设计安、拆次数以“台、次”计算
衬砌壁后压浆	1）按管片外径和盾构壳体外径所形成的充填体积计算 2）按设计注浆量以体积计算	衬砌压浆量根据盾尾间隙所压的浆液量体积以 m^3 计算

（续）

项目名称	清单规则	定额规则
预制钢筋混凝土管片	按设计图示尺寸以体积计算	预制混凝土管片按设计图示尺寸体积加1%以体积计算，不扣除钢筋、铁件、手孔、凹槽、预留压浆孔道和螺栓所占体积
管片嵌缝	按设计图示数量计算	管片嵌缝按“环”计算，设计要求不满环嵌缝时可按比例调整
沉井井壁混凝土	按设计尺寸以外围井筒混凝土体积计算	按沉井外壁所围的面积乘以下沉深度，再乘以土方回淤系数以体积计算
沉井混凝土封底	按设计图示尺寸以体积计算	按设计图示尺寸以体积计算
沉井混凝土底板		
钢封门	按设计图示尺寸以质量计算	按设计图示尺寸以质量计算。拆除后按主材原值的70%予以回收

7.2 工程案例实战分析

7.2.1 问题导入

相关问题：

1）隧道平洞开挖工程量如何计算？

2）隧道岩石开挖注浆工程量如何计算？

3）岩石隧道衬砌时，柔性防水层如何施工及计量？

4）在盾构掘进时，盾构机的盾构吊装及吊拆如何计算？预制钢筋混凝土管片如何计算？

7.2.2 案例导入与算量解析

1. 隧道岩石开挖

（1）名词概念　隧洞岩石开挖是指修建隧洞时，将岩石松动、破碎、挖掘并运输出渣的工程。它广泛应用于水利工程中的引水、泄水、导流、交通以及其他隧洞的施工。

在岩石地层中应用最多的是钻孔爆破法，从20世纪50年代开始，随着隧洞掘进机的发展，在许多国家用隧洞掘进机开挖隧洞也占一定比重。在土质地层中，除以人工为主开挖外，还可采用盾构法或顶管法施工。常见的隧道岩石开挖断面如图7-1所示，现场图如图7-2所示。

（2）案例导入与算量解析

音频7-1：隧道岩石开挖

【例7-1】 某过山岩石隧道采用平洞开挖方式开挖，开挖断面为半圆形，不允许超挖，如图7-3所示，现场实物图如图7-4所示。开挖断面直径为20m，洞室高度为10m，开挖长度为2500m，由于岩石较破碎，开挖后立即进行初期支护，初期衬砌注浆厚度0.5m，试求开挖工程量及注浆工程量（注：本题在计算时π取3.14）。

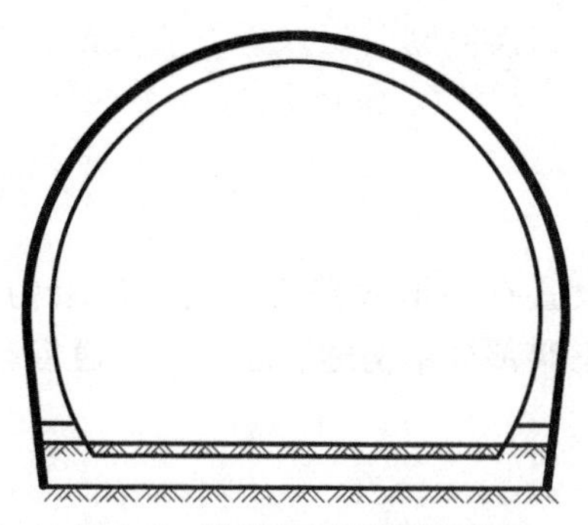
图 7-1 隧道岩石开挖断面图

图 7-2 隧道岩石开挖现场图

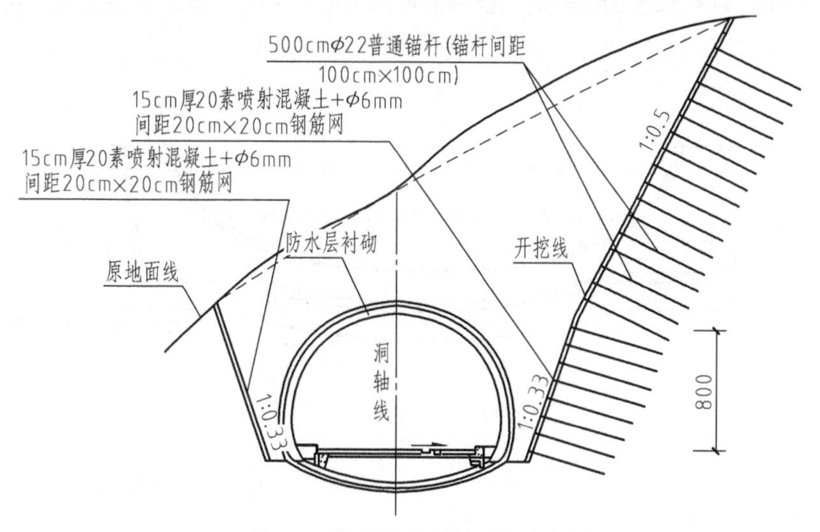

图 7-3 岩石隧道平洞开挖示意图

【解】

（1）识图内容 通过题干并结合图形可知，开挖后立即进行支护，故支护的半圆的圆直径与开挖相同为 20m，洞轴线处高度 10m，支护厚度为 0.5m。

（2）工程量计算

1）清单工程量：

隧道开挖工程量 $V_1 = 3.14 \times 10 \times 10/2 \times 2500 = 392500$（$m^3$）。

衬砌注浆工程量 $V_2 = 3.14 \times 10 \times 10/2 \times 2500 - 3.14 \times 9.5 \times 9.5/2 \times 2500 = 38268.75$（$m^3$）。

图 7-4 平洞开挖现场图

2）定额工程量：

隧道开挖定额工程量可另加允许超挖量，本题不允许超挖，故隧道开挖工程量同清单工程量为 392500m^3，衬砌注浆工程量同清单工程量为 38268.75m^3。

【小贴士】 式中：3.14×10×10/2为隧道开挖半圆断面的面积。由于初期衬砌注浆在洞室两侧都有，故初期衬砌后圆半径为（20−0.5×2）/2=9.5m。而衬砌面积为两个半圆面积之差，即：3.14×10×10/2×2500−3.14×9.5×9.5/2。

2. 岩石隧道衬砌

（1）混凝土仰拱衬砌

1）名词概念。仰拱为改善上部支护结构受力条件而设置在隧道底部的反向拱形结构，是隧道结构的主要组成部分之一。一般是指隧道二次衬砌下半部分结构隧道底部分，通俗解释为向上仰的拱，仰拱一般为钢筋混凝土结构。

2）案例导入与算量解析。

【例7-2】 岩石隧道某一段仰拱断面形式如图7-5所示，现场实物图如图7-6所示。仰拱断面面积为150m^2，仰拱长度为150m，允许超挖不超过2500m^3，试求仰拱混凝土浇筑工程量。

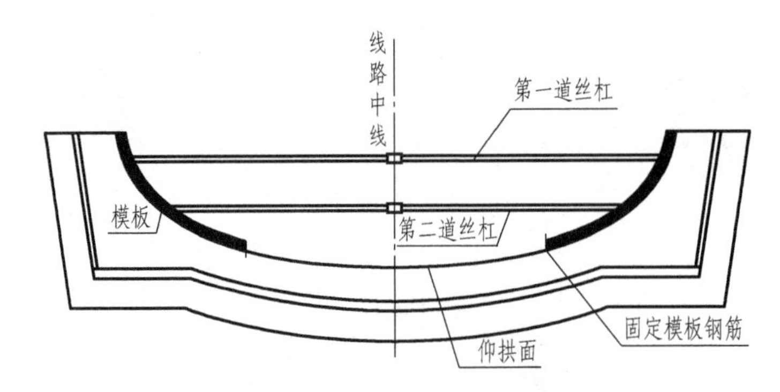

图7-5 仰拱断面图

【解】

（1）识图内容 通过题干并结合图形可知，半椭圆形仰拱的断面面积为150m^2，根据体积公式可快速求解。

（2）工程量计算

1）清单工程量：

仰拱混凝土工程量 $V=150\times150=22500$（m^3）。

2）定额工程量：

仰拱混凝土工程量可另加允许超挖量，故：

仰拱混凝土工程量 $V=22500+2500=25000$（m^3）。

图7-6 仰拱现场施工图

【小贴士】 本题结合题干和图形即可快速求解，仰拱断面面积为不规则断面，面积已直接给出。

（2）柔性防水层

1）名词概念。在初支和二次初砌之间采用防水卷材（EVA、PVC）和土工布或无纺布（主要起保护防水卷材的作用）形式进行防水。应根据需要设置防水层，也可灌筑防水混凝土内层衬砌而不做防水层，如图7-7所示。

2）案例导入与算量解析。

图 7-7 隧道防水层施工

【例 7-3】 某岩石隧道断面形式如图 7-8 所示，防水现场施工图如图 7-9 所示。在开挖并进行初期支护后进行柔性防水层施工，纵向施工长度 200m，试求该段柔性防水层工程量。

【解】

（1）识图内容 通过题干并结合图形可知，防水衬砌半圆直径为 8m，长度为 200m。

（2）工程量计算

1）清单工程量：

柔性防水层面积 $S=3.14\times8/2\times200=2512$（$m^2$）。

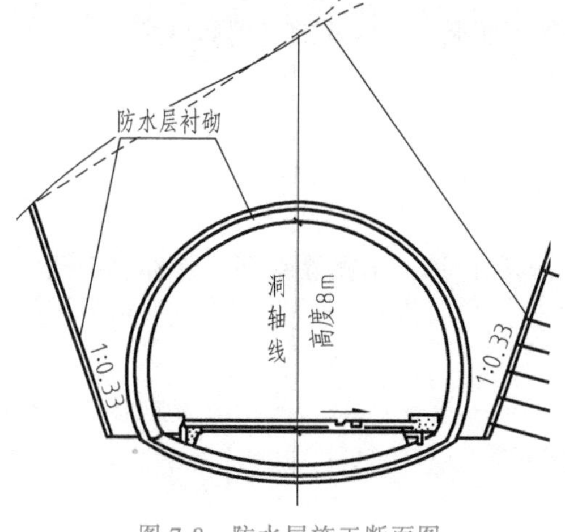

图 7-8 防水层施工断面图

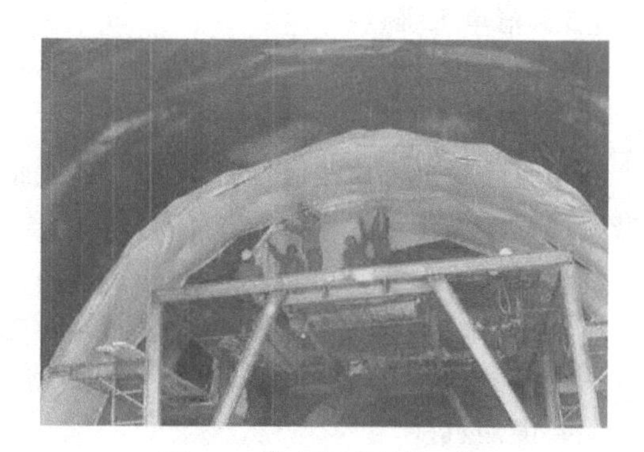

图 7-9 防水层现场施工图

2）定额工程量：

柔性防水层定额工程量同清单工程量为 2512m^2。

【小贴士】 应能理解柔性防水层的施工工作面，通过展开可知防水层其实是一个矩形，即求展开矩形面积即可。

3. 盾构掘进

音频 7-2：盾构掘进

（1）预制钢筋混凝土管片概念 管片是构成管片环的所有分块的统称，包括标准块、邻接块和封顶块三类。管片的分块数量因隧道直径（对应管片环的周长）的不同而不同。原则就是不宜做得太大，以便于运输和安装。常见的预制钢筋混凝土管片如图 7-10 所示。

图 7-10 预制钢筋混凝土管片现场图

（2）案例导入与算量解析

【例 7-4】 某隧道施工采用盾构掘进方式，其在掘进过程中采用的预制钢筋混凝土管片规格如图 7-11 所示。外弧长 12m，外径 6m，内弧长 10m，内径 5.4m，宽 1.5m，厚度为 0.3m（各处等厚），其实物图如图 7-12 所示。试求单个管片的工程量（图中单位为 m）。

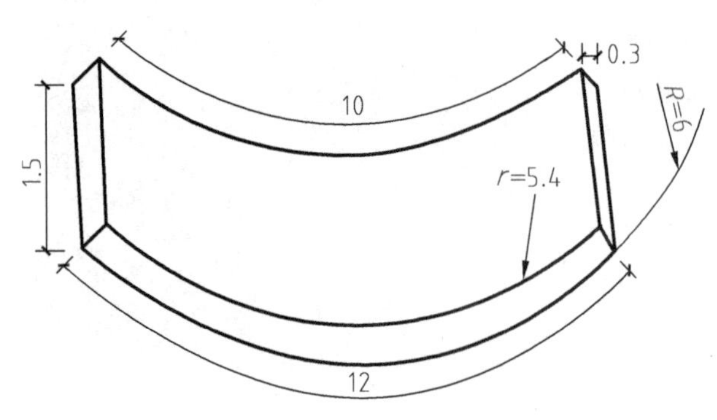

图 7-11 预制钢筋混凝土管片尺寸示意图

图 7-12 预制钢筋混凝土管片实物图

【解】

(1) 识图内容 通过图得知内外弧长以及预制钢筋混凝土管片的宽度和厚度。

(2) 工程量计算

1) 清单工程量:

预制钢筋混凝土管片体积 $V=(12×1.5+10×1.5)/2×0.3=4.95$ (m^3)。

2) 定额工程量:

预制混凝土管片按设计图示尺寸体积加 1%以体积计算，不扣除钢筋、铁件、手孔、凹槽、预留压浆孔道和螺栓所占体积。

故定额工程量 $V=4.95×(1+1\%)=5.0$ (m^3)。

【小贴士】 首先清单工程量在计算时把管片展开，展开后上、下面均为矩形，此时即可快速求出其体积。而定额工程量需要另加 1%的损耗，应注意此区别。

4. 隧道沉井

(1) 沉井井壁混凝土

1) 名词概念。沉井的外壁是沉井的主要部分，它应有足够的强度，以便承受沉井下沉过程中及使用时作用的荷载；同时还要求有足够的重量，使沉井在自重作用下能顺利下沉。井壁下端一般都做成刀刃状的“刃脚”，其作用是减小下沉阻力。沉井刃脚如图 7-13 所示。

图 7-13 沉井刃脚

2) 案例导入与算量解析。

【例 7-5】 某隧道沉井采用排水下沉法下沉，土方回淤系数为 1.05，沉井井壁采用 C25 混凝土，沉井井壁断面图如图 7-14 所示，沉井平面图如图 7-15 所示。沉井实物图如图 7-16 所示，试求沉井井壁的工程量（图中单位为 m）。

【解】

(1) 识图内容 通过沉井井壁断面图可知，外圆直径和内圆直径以及沉井下沉深度，从而可以计算出沉井井壁工程量。

(2) 工程量计算

1) 清单工程量:

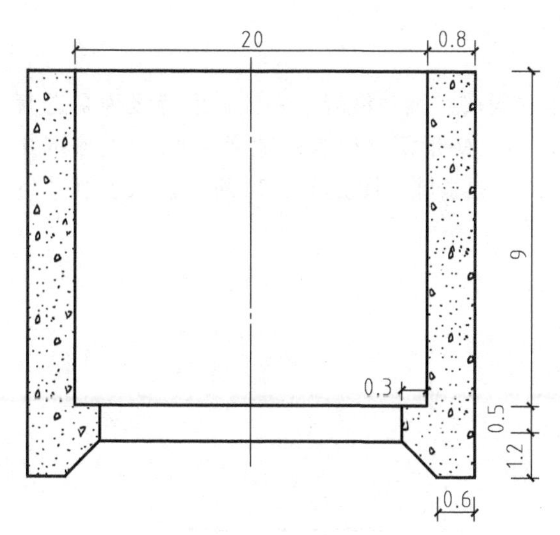

图 7-14 沉井井壁断面图

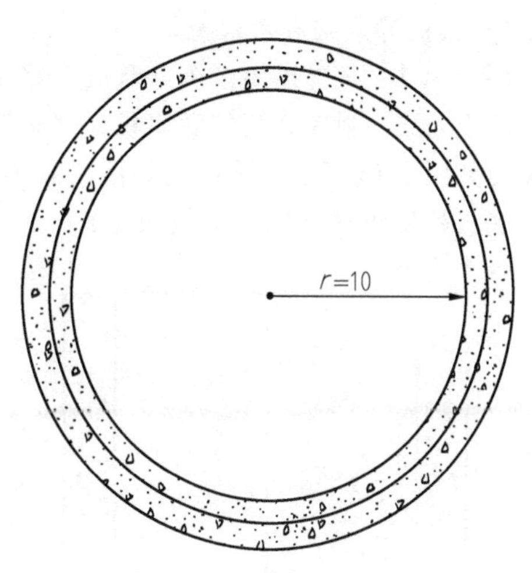

图 7-15 沉井平面示意图

井壁混凝土体积 $V=(3.14\times10.8\times10.8-3.14\times10\times10)\times(9+0.5+1.2)=559.07(\mathrm{m}^3)$。

2）定额工程量：

沉井井壁按沉井外壁所围的面积乘以下沉深度，再乘以土方回淤系数以体积计算。故井壁混凝土定额工程量 $V=559.07\times1.05=587.02\ (\mathrm{m}^3)$。

【小贴士】 式中：首先应清楚计算哪部分混凝土体积，3.14×10.8×10.8 为最外面的大圆的面积，3.14×10×10 为内圆的面积，两者相减所剩的中间部门就是沉井井壁面积，9+0.5+1.2 为沉井的下沉深度。

图 7-16 沉井施工实物图

在计算定额工程量时应注意和清单的不同，考虑了土方回淤系数。

（2）沉井混凝土封底

1）名词概念。沉井封底可分为排水封底和不排水封底两种，当沉井基底无渗水或少量渗水时可用排水封底；当沉井基底有较大量渗水时需采用不排水封底。

图 7-17 沉井封底施工

音频 7-3：混凝土封底

沉井下沉至设计标高，应检验基底的地质情况是否与设计相符，排水下沉时，可直接检验、处理；不排水下沉时，应进行水下检查、处理，必要时取样鉴定。不排水下沉的沉井基底应平整，且无浮泥。排水下沉的沉井，应满足基底面平整的要求。还应进行沉降观测，经过观测在 8h 内累计下沉量不大于 10mm 或沉降率在允许范围内，沉井下沉已稳定时，即可进行沉井封底，如图 7-17 所示。

2）案例导入与算量解析。

【例 7-6】 某隧道矩形沉井基础，采用排水法封底，沉井混凝土底板强度等级为泵送商品混凝土 C25，封底之后施做底板，底板厚度 1.2m，矩形沉井底板的宽度为 8m。矩形沉井断面图如图 7-18 所示，平面图如图 7-19 所示，沉井现场施工图如图 7-20 所示。试求沉井封底及底板的工程量（图中单位为 m）。

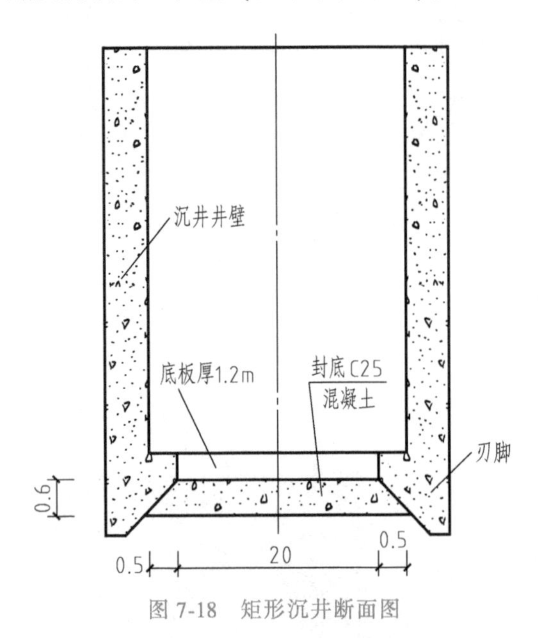

图 7-18　矩形沉井断面图

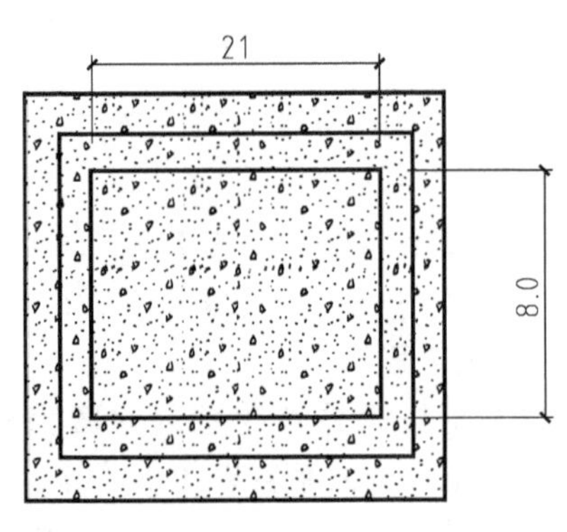

图 7-19　沉井平面图

图 7-20　沉井现场施工图

【解】

（1）识图内容　通过矩形沉井断面图可知沉井封底为圆台形，其封底的底板为矩形体。

（2）工程量计算

1）清单工程量：

沉井封底工程量 $V_1=3.14\div3\times(10\times10+10.5\times10.5+10\times10.5)\times0.6=197.98(m^3)$。

底板工程量 $V_2=(20+2\times0.5)\times0.6\times8=100.8$（$m^3$）。

2）定额工程量：

沉井封底工程量同清单工程量为 $197.98m^3$，底板工程量同清单工程量为 $100.8m^3$。

【小贴士】 沉井封底工程量根据圆台公式直接求解。底板工程量只需识图正确就能正确求解。

7.3 关系识图与疑难分析

7.3.1 关系识图

隧道工程图除了用隧道（地质）平面图表示它的位置外，它的图样主要由隧道（地质）纵断面图、隧道洞门图、横断面图（表示洞身形状和衬砌）等来表达。

1. 隧道洞门图识图

（1）识图内容　隧道洞门图一般是用立面图、平面图和洞口纵剖面图来表达它的具体构造的，一般可采用1：100~1：200的比例。

1）立面图以洞门口在垂直路线中心线上的正面投影作为立面图。不论洞门是否左右对称，都必须把洞门全部画出。

2）平面图主要是表达洞门排水系统的组成及洞内外水的汇集和排水路径。另外，也反映了仰坡与边坡的过渡关系。为了图面清晰，常略去端墙、翼墙等的不可见轮廓线。

3）洞口纵剖面图是沿隧道中心剖切的，以此取代侧面图。

（2）识图注意事项　识读隧道洞门图的注意事项：

1）首先要概括了解该隧道洞门图采用了哪些投影图及各投影图要重点表达的内容，了解剖面图、断面图的剖切位置和投影方向。

2）其次，可根据隧道洞门的构造特点，把隧道洞门图沿隧道轴线方向分成几段，而每段沿高度方向又可以分为不同的部分，对每部分进行分析阅读。阅读时一定要抓住重点反映这部分形状、位置特征的投影图进行分析。

3）最后，对照隧道的各投影图（立面图、平面图、剖面图）全面分析，明确各组成部分之间的关系，综合起来想象出整体。

2. 隧道衬砌断面识图

隧道衬砌图采用在每类围岩中用一组垂直于隧道中心线的横断面图来表示隧道衬砌的结构形式。除用隧道衬砌断面设计图来表达该围岩段隧道衬砌总体设计外，还有针对每一种支护、衬砌的具体构造图。

隧道衬砌断面设计图主要表达该围岩段内衬砌的总体设计情况，表明有哪几种类型的支护及每种支护的主要参数、防排水设施类型和二次衬砌结构情况。

要认真阅读隧道衬砌断面设计图，全面了解该围岩段所有的支护种类及相互关系；同时注意阅读材料表和附注，了解注意事项和施工方法等；然后再阅读每种支护、衬砌的具体构造图，分析每一种支护的具体结构、详细尺寸、材料及施工方法。

3. 识图案例

在此，以第3章隧道工程识图中的图3-13为例进行分析讲解。图3-13一端墙式隧道洞门图给出了立面图、平面图、剖面图，下面我们分别对其进行识图。

（1）立面图　立面图是隧道洞门的正面图，它是沿线路方向对隧道门进行投射所得的投影。正立面图反映出洞门墙的式样，洞门墙上面高出的部分为顶帽，同时也表示出洞口衬砌断面类型。从图 3-13 的立面图中可以看出：

1）它是由两个不同半径（$R=385\text{cm}$ 和 $R=585\text{cm}$）的 3 段圆弧和 2 直边墙所组成，拱圈厚度为 45cm。

2）洞口净空尺寸高为 740cm，宽为 790cm；洞门口墙的上面有一条从左往右方向倾斜的虚线，并注有 $i=0.02$ 箭头，这表明洞门顶部有坡度为 2%的排水沟，用箭头表示流水方向。

3）其他虚线反映了洞门墙和隧道底面的不可见轮廓线，它们被洞门前面两侧路堑边坡和公路路面遮住，所以用虚线表示。

（2）平面图　平面图是隧道洞门口的水平投影，平面图表示了洞门墙顶帽的宽度，洞顶排水沟的构造及洞门口外两边沟的位置（边沟断面未示出）。

（3）剖面图　图 3-13 所示的 1—1 剖面图是沿隧道中线所做的剖面图，图中可以看到洞门墙倾斜坡度为 10：1，洞门墙厚度为 60cm，还可以看到排水沟的断面形状、拱圈厚度及材料断面符号等。

为读图方便，图 3-13 还在 3 个投影图上对不同的构件分别用数字注出。如洞门墙①、①′、①″；洞顶排水沟为②、②′、②″；拱圈为③、③′、③″；顶帽为④、④′、④″等。

7.3.2　疑难分析

1. 隧道岩石开挖

设计有开挖预留变形量的，预留变形量和允许超挖量不得重复计算。设计预留变形量大于允许超挖量的，允许超挖量按预留变形量确定；设计预留变形量小于或等于允许超挖量的，允许超挖量按规定确定。允许超挖量见表 7-4。

表 7-4　允许超挖量表　（单位：mm）

名称	拱部	边墙	仰拱
钻爆开挖	150	100	100
非爆开挖	50	50	50
掘进机开挖	120	80	80

平洞开挖定额适用于开挖坡度在 5°以内的洞；斜井开挖定额适用于开挖坡度在 90°以内的井；竖井开挖定额适用于开挖垂直度为 90°的井。平洞出渣的运距，按装渣重心至卸渣重心的距离计算。其中洞内段按洞内轴线长度计算，洞外段按洞外运输线路长度计算。

平洞出渣的“人力、机械装渣，轻轨斗车运输”定额，已综合考虑坡度在 2.5%以内重车上坡的工效降低因素。

2. 岩石隧道衬砌

设计边墙为弧形时，弧形段的现浇混凝土模板按边墙模板执行边墙定额时，人工和机械乘以系数 1.2；弧形段的砌筑执行边墙定额时，每 10m^3 体积人工增加 1.3 工日。

喷射混凝土定额按湿喷工艺编制。定额已考虑施工中的填平找齐、回弹以及施工损耗内容。喷射钢纤维混凝土定额中钢纤维掺量按照混凝土质量的 3%考虑，设计与定额取定不同的，掺料类型、掺入量相应换算，其余不变。

隧道边墙、拱部区分：边墙为直墙时以起拱线为分界线，以下为边墙，以上为拱部；隧道断面为单心圆或多心圆时，以拱部120°为分界线，以下为边墙，以上为拱部。

防水板定额按复合式防水板考虑，如设计采用的防水板材料不同的，按设计要求进行换算。

止水胶定额按照单条2cm^{2}的规格考虑，每米用量为0.3kg。设计的材料品种及数量与定额取定不同的，按设计要求进行换算。

执行排水管定额时，如设计材质、管径与定额取定不同的，按设计要求进行换算。

片石混凝土定额按混凝土80%、片石20%的比例编制，设计片石掺量不同的换算材料用量。

3. 盾构掘进与隧道沉井

盾构工程定额中的ϕ是指盾构管片结构外径，具体按相应盾构管片外径计算；盾构掘进定额子目分为ϕ5000以内、ϕ6500以内、ϕ7000以内、ϕ9000以内、ϕ11500以内、ϕ15500以内六类直径规格。盾构机选型应根据地质勘查资料、隧道覆土层厚度、地表沉降量要求及盾构机技术性能等条件进行确定，如设计要求不同时应调整定额盾构掘进机的规格和台班单价，消耗量不变。

盾构机通过软土地层（软土地层主要是指沿海地区的细颗粒软弱冲积土层，按土壤分类包括黏土、亚黏土、淤泥质亚黏土、淤泥质黏土、亚砂土、粉砂土、细砂土、人工填土和人工冲填土层）且软土地层连续长度≥30m的，相应掘进工程量执行定额时，人工和机械（盾构机除外）乘以系数0.65，盾构机台班乘以0.85计算，并扣除定额中刀具使用费。

盾构掘进通过复杂地层的，相应掘进工程量执行本定额时应根据地质报告、地质补勘资料、详细地质报告等地质资料、施工方案计算增加费用。复杂地层包括但不限于：硬岩地层（复合土压平衡盾构，抗压强度≥80MPa；复合式泥水平衡盾构，抗压强度≥60MPa）、有球状风化体的花岗岩地层、溶洞地层。

盾构掘进定额中的出土，其土方（泥浆）以出土井口为止。采用泥水平衡盾构掘进时，井口至泥浆沉淀池或泥水处理场的管路铺设、泥浆泵费用按施工组织设计另行计算。

沉井刃脚、框架梁、井壁、井墙、底板、砖封预留孔洞均按设计图示尺寸以体积计算。其中：刃脚的计算高度，从刃脚踏面至井壁外凸口计算。如沉井井壁没有外凸口时，则从刃脚踏面至底板顶面为准；底板下的地梁并入底板计算；框架梁的工程量包括嵌入井壁部分的体积；井壁、隔墙或底板混凝土中，不扣除单孔面积0.3m^{2}以内的孔洞体积。

沉井下沉土方工程量，按沉井外壁所围的面积乘以下沉深度，再乘以土方回淤系数以体积计算。排水下沉深度>10m时，回淤系数为1.05；不排水下沉深度>15m时，回淤系数为1.02。

第8章 管网工程

8.1 工程量计算依据

新的清单范围管网工程划分的子目包含有管道铺设、管件、阀门及附件安装、支架制作与安装、管道附属构筑物4节，共51个项目。

管道铺设计算依据见表8-1。

表8-1 管道铺设计算依据

项目名称	清单规则	定额规则
混凝土管	按设计图示中心线长度以延长米计算。不扣除附属构筑物、管件及阀门等所占长度	按设计图示中心线长度以延长米计算
钢管		
铸铁管		
砌筑方沟	按设计图示尺寸以延长米计算	按设计图示尺寸以延长米计算
混凝土方沟		
砌筑渠道		

管件、阀门及附件安装计算依据见表8-2。

表8-2 管件、阀门及附件安装计算依据

项目名称	清单规则	定额规则
铸铁管管件	按设计图示数量计算	按设计图示数量计算
阀门		
水表		
消火栓		

支架制作及安装计算依据见表8-3。

表8-3 支架制作及安装计算依据

项目名称	清单规则	定额规则
砌筑支墩	按设计图示尺寸以体积计算	按设计图示尺寸以体积计算
混凝土支墩		

管道附属构筑物计算依据见表8-4。

表 8-4　管道附属构筑物计算依据

项目名称	清单规则	定额规则
砌筑井	按设计图示数量计算	按设计图示数量计算
混凝土井		
塑料检查井		

8.2　工程案例实战分析

8.2.1　问题导入

相关问题：

排水管道铺设工程量中的抽掮长度是如何计算的？

视频 8-1：混凝土管

8.2.2　案例导入与算量解析

1. 管道铺设

（1）混凝土管

1）名词概念。混凝土管是批用混凝土或钢筋混凝土制作的管子，用于输送水、油、气等流体。可分为素混凝土管、普通钢筋混凝土管、自应力钢筋混凝土管和预应力混凝土管四种，如图 8-1 所示。

图 8-1　混凝土管

2）案例导入与算量解析。

【例 8-1】　某市政排水工程主干管长 1000m，采用混凝土管，混凝土管示意图如图 8-2 所示，实物图如图 8-3 所示，试求该工程工程量。

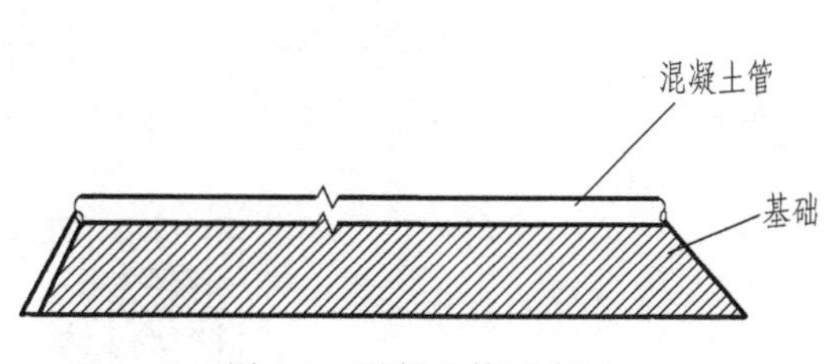

图 8-2　混凝土管示意图

图 8-3　混凝土管实物图

【解】

（1）识图内容　通过题干内容可知该市政排水工程长 1000m。

(2) 工程量计算

1) 清单工程量:

L=按设计图示中心线长度以延长米计算=1000 (m)。

2) 定额工程量:

定额工程量同清单工程量。

【小贴士】 式中:1000为该市政排水工程主干管长度。

音频8-1:管道架空跨越支承结构

(2) 管道架空跨越

1) 名词概念。管道架空跨越:架设在地面或水面上空的用于输送气体、液体或松散固体的管道,如图8-4所示。

图8-4 管道架空跨越

2) 案例导入与算量解析。

【例8-2】 某天然气运输工程途经一条大河,为了该工程圆满完成,需在河面管道架空跨越,管道架空跨越示意图如图8-5所示,实物图如8-6所示,求该天然气运输工程管道架空跨越工程量。

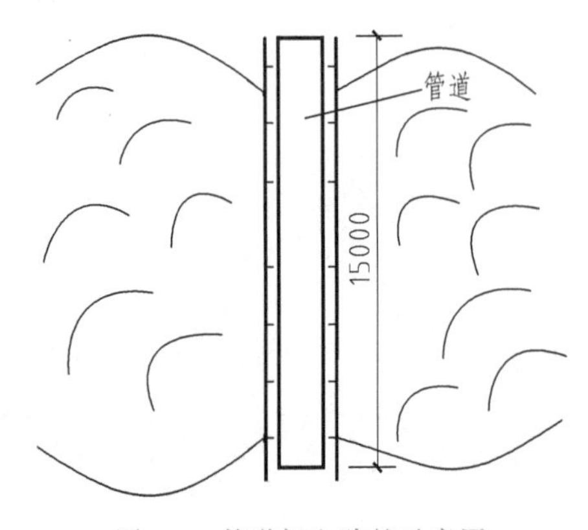

图8-5 管道架空跨越示意图

图8-6 管道架空跨越实物图

【解】

(1) 识图内容 通过管道架空跨越示意图可知管道架空跨越长度为15m。

(2) 工程量计算

1) 清单工程量:

L=按设计图示中心线长度以延长米计算=15 (m)。

2) 定额工程量:

定额工程量同清单工程量。

【小贴士】 式中:15为该天然气运输工程管道架空跨越长度。

音频8-2:水平导向钻进优缺点

(3) 水平导向钻进

1) 名词概念。水平导向钻机是在不开挖地表面的条件下,铺设多种地下公用设施(管道、电缆等)的一种施工机械,它广泛应用于供水、电力、电讯、天然气、煤气、石油等柔性管线铺设施工中,它适用于沙土、粘土等地况，地下水位较高及卵石地层不适宜我国大部分非硬岩地区都可施工。工作环境温度为 -15~45℃。水平导向钻进技术是将石油工业的定向钻进技术和传统的管线施工方法结合在一起的一项施工新技术，它具有施工速度快、施工精度高、成本低等优点。水平导向钻进设备，在十几年间也获得了飞速发展，成为发达国家中新兴的产业。其发展趋势正朝着大型化和微型化、适应硬岩作业、自备式锚固系统、钻杆自动堆放与提取、钻杆连接自动润滑、防触电系统等自动化作业功能、超深度导向监控、应用范围广等特征发展。该种设备一般适用于管径 300~1200mm 的钢管、PE 管，最大铺管长度可达 1500m，适应于软土到硬岩多种土壤条件，应用前景广阔。水平导向钻进如图 8-7 所示。

图 8-7　水平导向钻进

2）案例导入与算量解析。

【例 8-3】 某石油运输管道因地形因素需从地下铺设管道，当地物质为粘土，因需进行管道铺设需在地下进行钻进，水平导向钻进示意图如图 8-8 所示，水平导向钻进实物图如图 8-9 所示，求该工程水平导向钻进工程量。

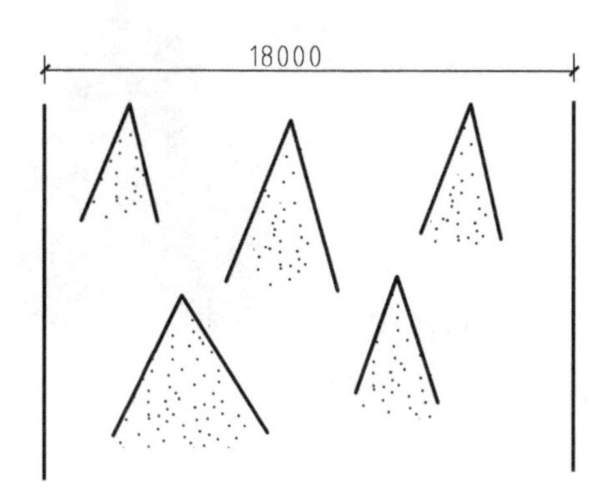

图 8-8　水平导向钻进示意图

图 8-9　水平导向钻进实物图

【解】

（1）识图内容　通过水平导向钻进示意图可知需水平导向钻进的长度为 18m。

（2）工程量计算

1）清单工程量：

L= 按设计图示中心线长度以延长米计算 = 18（m）。

2）定额工程量：

定额工程量同清单工程量。

【小贴士】　式中：18 为该石油运输工程水平导向钻进长度。

2. 管道、阀门及附件安装

（1）阀门

视频 8-2：阀门

1）名词概念。阀门是用来开闭管路、控制流向、调节和控制输送介质的参数（温度、压力和流量）的管路附件。根据其功能，可分为关断阀、止回阀、调节阀等，如图 8-10 所示。

2）案例导入与算量解析。

【例 8-4】 某运水管道示意图如图 8-11 所示，阀门实物图如图 8-12 所示，用阀门控制开关和流向，求该运水管道阀门工程量。

图 8-10　阀门

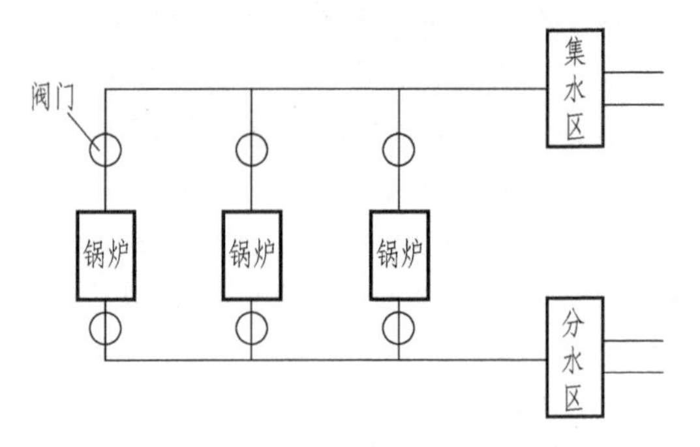

图 8-11　运水管道示意图

【解】

（1）识图内容　通过运水管道示意图可知阀门数量为 6 个。

（2）工程量计算

1）清单工程量：

按设计图示数量计算 = 6（个）。

2）定额工程量：

定额工程量同清单工程量。

【小贴士】　式中：6 为设计图示阀门数量。

图 8-12　阀门实物图

（2）消火栓

1）名词概念。一种固定式消防设施，主要作用是控制可燃物、隔绝助燃物、消除着火源。分室内消火栓和室外消火栓，如图 8-13 所示。

图 8-13　消火栓

视频 8-3：消火栓

2）案例导入与算量解析。

【例 8-5】 某幼儿园消火栓布置平面图如图 8-14 所示，消火栓实物图如图 8-15 所示，求消火栓工程量。

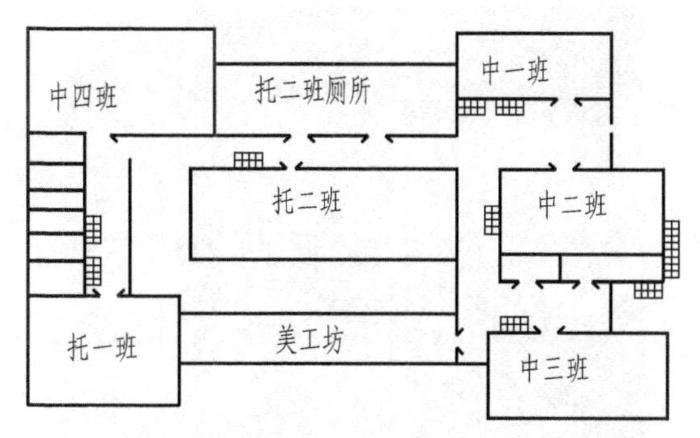

图 8-14 消火栓布置平面图

图 8-15 消火栓实物图

【解】

（1）识图内容 通过消火栓布置平面图可知消火栓数量为10个。

（2）工程量计算

1）清单工程量：

按设计图示数量计算=10（个）。

2）定额工程量：

定额工程量同清单工程量。

【小贴士】 式中：10为设计图示消火栓数量。

3. 支架制作及安装

（1）名词概念 混凝土支墩是为了主体构件的稳定在主体构件适当部位砌筑的墩座，如图8-16所示。

（2）案例导入与算量解析

视频8-4：混凝土支墩

【例8-6】 某市政运输管道在部分工程需在管道下安装混凝土支墩，混凝土支墩立面图如图8-17所示，混凝土支墩侧面图如图8-18所示，实物图如图8-19所示，求该市政运输管道混凝土支墩的工程量。

图 8-16 混凝土支墩

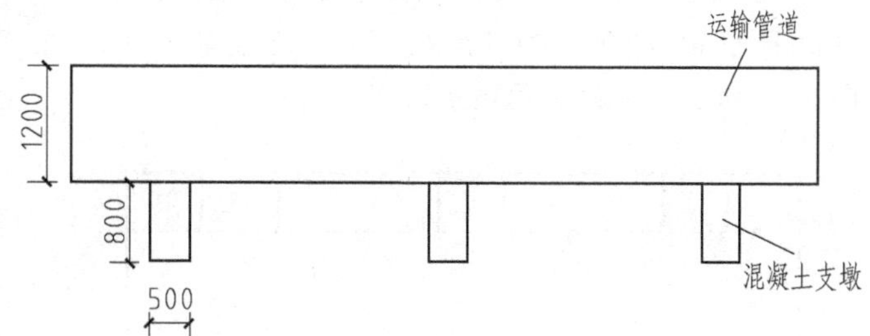

图 8-17 混凝土支墩立面图

【解】

（1）识图内容 通过混凝土支墩立面图可知混凝土支墩宽为500mm，混凝土支墩高为800mm，混凝土支墩数量为3个，通过混凝土支墩侧面图可知混凝土支墩长为1500mm。

（2）工程量计算

1）清单工程量：

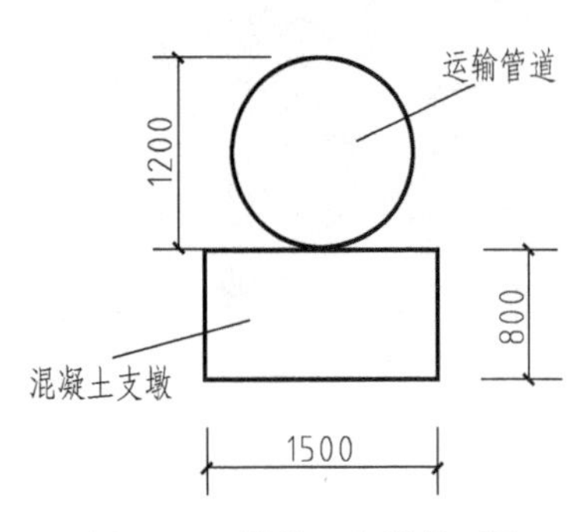

图 8-18　混凝土支墩侧面图

图 8-19　混凝土支墩实物图

$V=1.5\times0.5\times0.8\times3=1.8$（$m^3$）

2）定额工程量：

定额工程量同清单工程量。

【小贴士】 式中：1.5 为混凝土支墩长度；0.5 为混凝土支墩宽度；0.8 为混凝土支墩高度；3 为混凝土支墩数量。

4. 管道附属构筑物（雨水口）

（1）名词概念　雨水口是在雨水管渠或合流管渠上收集雨水的构筑物。街道路面上的雨水首先经过雨水口通过连接管流入排水管渠。雨水口的形式、数量和布置，应按汇水面积所产生的数量、雨水口的泄水能力和道路形式确定。雨水口的设置位置，应能保证迅速有效地收集地面雨水，如图 8-20 所示。

图 8-20　雨水口

（2）案例导入与算量解析

【例 8-7】 某市政路面工程需安装雨水口，雨水口平面图如图 8-21 所示，雨水口实物图如图 8-22 所示，求该工程雨水口工程量。

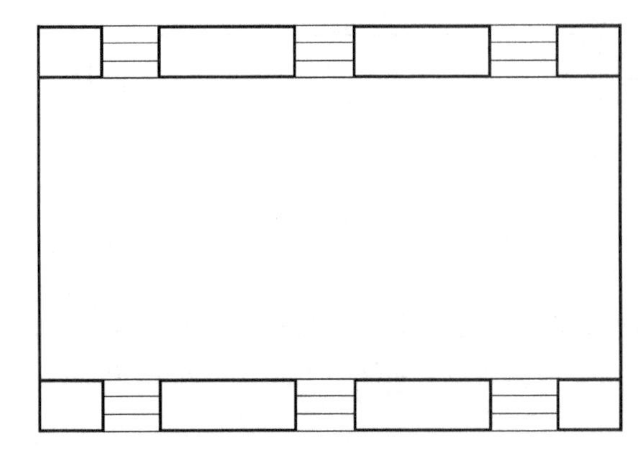

图 8-21　雨水口平面图

图 8-22　雨水口实物图

【解】

(1) 识图内容　通过雨水口平面图可知雨水口数量为6个。

(2) 工程量计算

1) 清单工程量：

按设计图示数量计算=6（个）。

2) 定额工程量：

定额工程量同清单工程量。

【小贴士】 式中：6为设计图示数量。

8.3 关系识图与疑难分析

8.3.1 关系识图

1. 阀门

阀门可用于控制空气、水、蒸汽、各种腐蚀性介质、泥浆、油品、液态金属和放射性介质等各种类型流体的流动。阀门根据材质还分为铸铁阀门、铸钢阀门、不锈钢阀门（201、304、316等）、铬钼钢阀门、铬钼钒钢阀门、双相钢阀门、塑料阀门、非标订制阀门等。如图8-23所示。

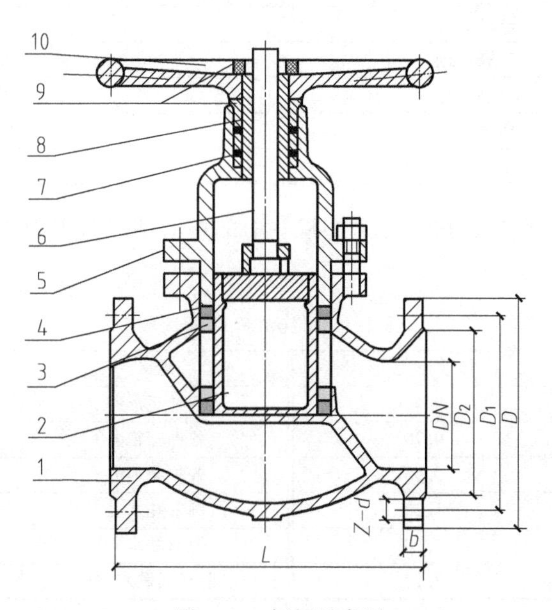

图8-23 阀门示意图

1—阀体　2—柱高　3—孔架　4—柔性石墨密封环　5—上盖
6—阀杆　7—轴承　8—铜螺母　9—柄帽　10—手轮

2. 混凝土支墩

混凝土支墩指承插式接口的给水管道，因在转弯处、三通管端处，会产生向外的推力，当推力较大时易引起承插口接头松动，脱节造成破坏，而在承插式管道垂直或水平方向转弯等处设置的支墩如图 8-24 所示。

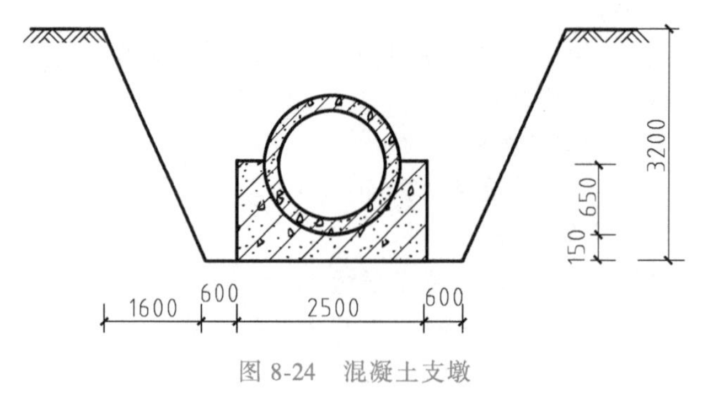

图 8-24　混凝土支墩

1）支墩主要有混凝土支墩和砌筑支墩两种，如图 8-24 所示为混凝土支墩。

2）由图可知，该工程放坡宽度为 1.6m，混凝土支墩距基槽边各为 0.6m，基坑深度为 3.2m。

3）该混凝土支墩长为 2.5m，高为 0.8m，中部镂空，实施管道支撑。

8.3.2　疑难分析

音频 8-3：顶管工程定额工程量相关规则

1）顶管工程顶进断面大于 $4m^2$ 的方（拱）涵工程，执行“桥涵工程相”相应项目。

2）顶管采用中继间顶进时，顶进定额中的人工、机械按调整系数分级划分，见表 8-5。

表 8-5　中继间顶进调整系数

序号	中继间顶进分级	人工、机械费率调整系数
1	一级顶进	1.36
2	二级顶进	1.64
3	三级顶进	2.15
4	四级顶进	2.80
5	五级顶进	另计

3）排水管道铺设工程量，按设计井中指井中的中心线长度扣除井的长度计算，每座井扣除的长度见表 8-6。

表 8-6　每座井扣除长度

直径/mm	扣除长度/m	规格	扣除长度/m
700	0.40	各种矩形井	1.00
1000	0.70	各种交汇井	1.20
1250	0.95	各种扇形井	1.00
1500	1.20	圆形跌水井	1.60
2000	1.70	矩形跌水井	1.70
2500	2.20	阶梯式跌水井	按照实际进行扣除

4）检查井筒砌筑适用于井深不同的调整和方沟井筒的砌筑，区分高度按数量计算，高度不同时采用每增减 0.2m 计算。

音频 8-4：检查井筒定额工程量相关规则

第9章 钢筋工程

9.1 工程量计算依据

新的清单范围钢筋工程划分的子目包含有现浇构件钢筋、预制构件钢筋、钢筋网片、钢筋笼、先张法预应力钢筋（钢丝、钢绞线）、后张法预应力钢筋（钢丝束、钢绞线）、型钢、植筋、预埋铁件、高强螺栓，共10个项目。

钢筋工程计算依据见表9-1。

表9-1 钢筋工程计算依据

计算规则	清单规则	定额规则
现浇构件钢筋	按设计图示尺寸，以质量计算	钢筋工程量应区别不同钢筋种类和规格，分别按设计长度乘以单位理论质量计算
预制构件钢筋	按设计图示尺寸，以质量计算	钢筋工程量应区别不同钢筋种类和规格，分别按设计长度乘以单位理论质量计算
后张法预应力钢筋	按设计图示尺寸，以质量计算	预应力钢筋应区别不同钢筋种类和规格，分别按规定长度乘以单位理论质量计算
植筋	按设计图示数量计算	植筋增加费按个数计算。植入钢筋按外露和植入部分长度之和乘以理论质量计算
预埋铁件	按设计图示尺寸，以质量计算	按设计图示尺寸以质量计算

9.2 工程案例实战分析

9.2.1 问题导入

相关问题：

1）现浇构件钢筋工程量如何计算？

2）怎样区分先张法和后张法预应力钢筋？

3）预应力钢筋的含义是什么？

4）先张法和后张法预应力钢筋在工程量计算时是否有不同之处？

9.2.2 案例导入与算量解析

1. 现浇构件钢筋

（1）名词概念 现浇式钢筋混凝土构件是在施工现场的构件设计位置处支撑模板、绑扎钢筋、浇筑混凝土而做成钢筋混凝土构件。其优点是整体刚度强，灵活性好，能适应各种特殊要求，施工时也不需要吊装设备。缺点是耗用模板多，顶柱木材多，工期长，受施工季节性影响也较大；其优点是整体刚度强，灵活性好，能适应各种特殊要求，施工时也不需要吊装设备。缺点是耗用模板多，顶柱木材多，工期长，受施工季节性影响也较大。现浇构件钢筋如图 9-1、图 9-2 所示。

图 9-1 现浇构件钢筋示意图

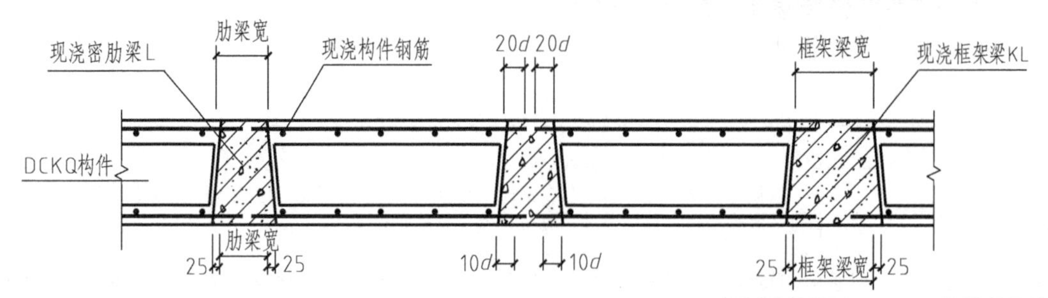

图 9-2 现浇构件截面图

（2）案例导入与算量解析

【例 9-1】 有梁式满堂基础，其梁板配筋如图 9-3 所示，保护层厚度为 70mm，试计算满堂基础的钢筋工程量。

音频 9-1：有梁式满堂基础和无梁式满堂基础的区别

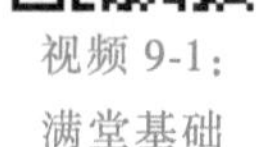

视频 9-1：满堂基础

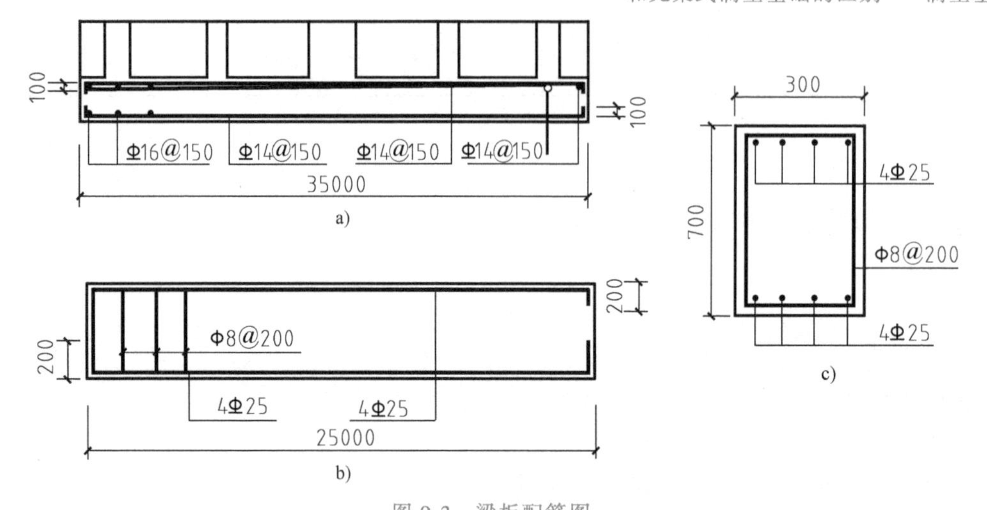

图 9-3 梁板配筋图

a）底板配筋 b）反板配筋 c）反梁配筋

【解】

（1）识图内容　通过题干内容可知，基础为梁式满堂基础底板下部配Φ16 钢筋、Φ14 钢筋，间距为 150mm，底板上部配Φ14 钢筋，间距为 150mm；满堂基础反梁的梁纵向受力钢筋为Φ25，上下各四根，梁箍筋为Φ8 钢筋，间距为 200mm。

（2）工程量计算

1）清单工程量：

现浇混凝土钢筋工程量 = 设计图示钢筋长度×单位理论质量。

① 满堂基础底板钢筋：

底板下部(B16)钢筋根数 = (35−0.07)÷0.15+1 = 234（根）。

钢筋质量(B16) = (25−0.07+0.10×2)×234×1.578

= 9279(kg) = 9.279（t）。

底板下部(B14)钢筋根数 = (25−0.07)÷0.15+1 = 168（根）。

钢筋质量(B14) = (35−0.07+0.10×2)×168×1.208

= 7129（kg）= 7.129（t）。

底板上部(B14)钢筋质量 = (25−0.07+0.10×2)×234×1.208+7129

= 14233（kg）= 14.233（t）。

现浇构件 HRB335 级钢筋(B16)工程量 = 9.279（t）。

现浇构件 HRB335 级钢筋(B14)工程量 = 7.129+14.233 = 21.362（t）。

② 满堂基础反梁钢筋：

梁纵向受力钢筋质量(B25) = [(25−0.07+0.4)×8×5+(35−0.07

+0.4)×8×3]×3.853 = 7171（kg）= 7.171（t）。

梁箍筋根数(A8) = [(25−0.07)+0.2+1]×5+[(35−0.07)+0.2

+1]×3 = 126×5+176×3 = 240（根）。

梁箍筋质量(A8) = [(0.3−0.07+0.008+0.7−0.07+0.008)×2

+4.9×0.008×2]×1158×0.395 = 173.52(kg) = 0.174（t）。

现浇构件 HRB335 级钢筋(B25)工程量 = 7.171（t）。

现浇构件 HPB300 级钢筋(A8)工程量 = 0.174（t）。

2）定额工程量：

定额工程量同清单工程量。

【小贴士】　式中：35 为底板长度，0.07 位保护层厚度；0.15 为底板钢筋间距；1.578 为Φ16 钢筋每米的理论质量；1.208 为Φ14 钢筋每米的理论质量；3.853 为Φ25 钢筋每米的理论质量；0.395 为Φ8 钢筋每米的理论质量。

2. 预制构件钢筋

（1）名词概念　预制钢筋混凝土可以现场制作或者由厂家直接生产，再安装到工程实体中，如井盖、预制楼板、预制盖板，都是预制钢筋混凝土。预制钢筋混凝土的特点：可以批量生产，安装速度快。现浇钢筋混凝土是指直接在工程实体中绑扎钢筋然后浇筑混凝土，不需要安装直接到位，特点是整体性能比较好，一般楼盖、檐沟都采用此种方法，因为整体性能好，不裂不漏。

视频 9-2：钢筋

预制钢筋混凝土构件如图 9-4 所示，预制构件钢筋详如图 9-5 所示。

图 9-4　预制钢筋混凝土构件

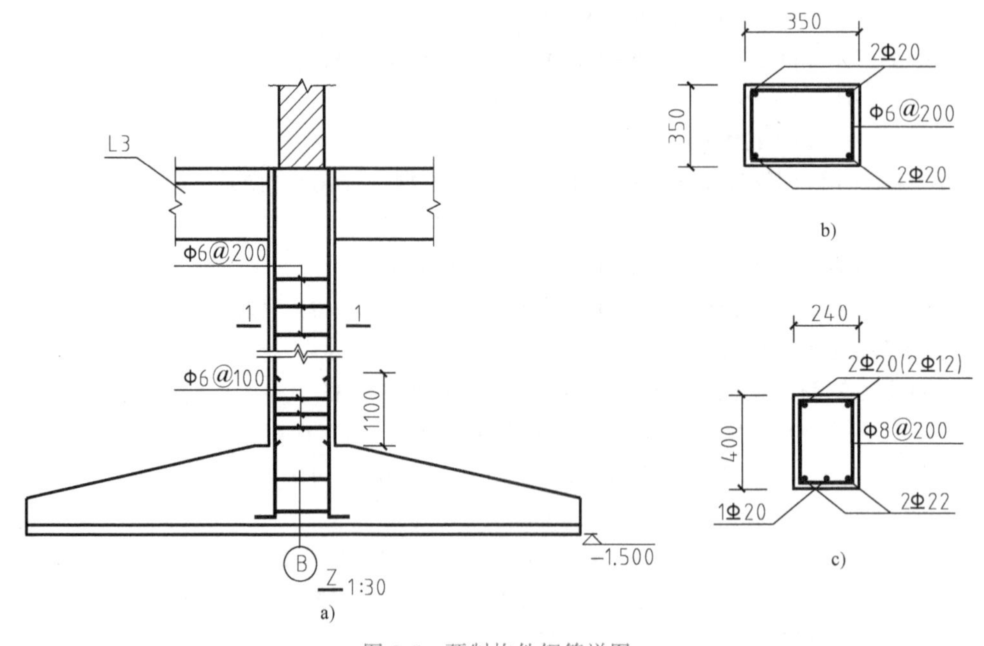

图 9-5　预制构件钢筋详图

a）构件立面图　b）1—1 剖面图　c）L3 详图

（2）案例导入与算量解析

【例 9-2】 某预应力空心板如图 9-6 所示，试计算其钢筋工程量。

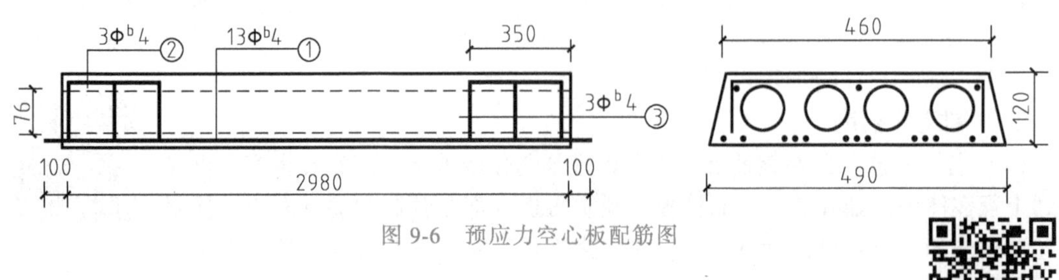

图 9-6　预应力空心板配筋图

音频 9-2：预应力空心板

【解】

（1）识图内容　通过题干内容可知，图中为预应力空心板，板长为 2.98m，上表面为 460mm，下底面为 490mm，其中配ϕ^b4 预应力钢筋三种。

（2）工程量计算

1）清单工程量。

① 预应力钢筋工程量计算公式：

预应力钢筋工程量=设计图示钢筋长度×单位理论质量。

1号预应力纵向钢筋工程量（13 $\phi^b 4$）=（2.98+0.1×2）×13×0.099=4.1（kg）。

② 预制构件钢筋工程量计算公式：

预制构件钢筋工程量=设计图示钢筋长度×单位理论质量。

2号纵向钢筋质量（3 $\phi^b 4$）=（0.35−0.01）×3×2×0.099=0.2（kg）。

3号纵向钢筋质量（3 $\phi^b 4$）=（0.46−0.01×2+0.1×2）×3×2×0.099=0.38（kg）。

$\phi^b 4$ 钢筋工程量=4.1+0.2+0.38=4.68（kg）=0.005（t）。

2）定额工程量：

定额工程量同清单工程量。

【小贴士】　式中：2.98为板长；13为1号预应力纵向钢筋工程量的数量；0.099为 $\phi^b 4$ 钢筋每米的理论质量。

3. 后张法预应力钢筋

（1）名词概念　后张法，指的是先浇筑混凝土，待达到设计强度的75%以上后再张拉预应力钢材以形成预应力混凝土构件的施工方法。后张法是有粘结预应力的混凝土，先浇混凝土，待混凝土达到设计强度75%以上，再张拉钢筋（钢筋束）。

其主要张拉程序为：埋管制孔→浇混凝土→抽管→养护穿筋张拉→锚固→灌浆（防止钢筋生锈）及锚头处理，其传力途径是依靠锚具阻止钢筋的弹性回弹，使截面混凝土获得预压应力，这种做法使钢筋与混凝土结为整体，称为有粘结预应力混凝土。

有粘结预应力混凝土由于粘结力（阻力）的作用使得预应力钢筋拉应力降低，导致混凝土压应力降低，所以应设法减少这种粘结，这种方法设备简单，不需要张拉台座，生产灵活，适用于大型构件的现场施工。无粘结预应力混凝土其主要张拉程序为预应力钢筋沿全长外表涂刷沥青等润滑防腐材料→包上塑料纸或套管（预应力钢筋与混凝土不建立粘结力）→浇混凝土养护→张拉钢筋→锚固。

图9-7　后张法预应力钢筋

施工时跟普通混凝土一样，将钢筋放入设计位置可以直接浇混凝土，不必预留孔洞、穿筋、灌浆，简化施工程序，由于无粘结预应力混凝土有效预压应力增大，降低造价，适用于跨度大的曲线配筋的梁体。后张法预应力钢筋如图9-7所示。

（2）案例导入与算量解析

【例9-3】　如图9-8所示为后张法预应力起重机梁，下部后张预应力钢筋用JM型锚具，试计算其钢筋工程量。

【解】

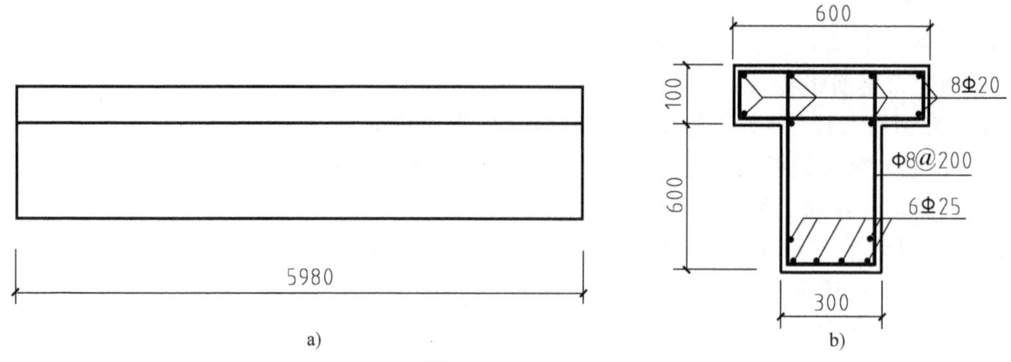

图 9-8 后张法预应力起重机梁配筋图

a）立面 b）断面

（1）识图内容 通过题干内容可知，图中为后张法预应力起重机梁，上部配 8 Φ 20 钢筋，箍筋为Φ 8，间距为 200mm，底部配筋为 6 Φ 25。

（2）工程量计算

1）清单工程量。

后张法预应力钢筋工程量计算公式：

后张法预应力钢筋(JM 型锚具)工程量=(设计图示钢筋长度+增加长度)×单位理论质量。

后张预应力钢筋(B25)工程量=(5.98+1.00)×6×3.853=161 (kg)=0.161 (t)。

2）定额工程量：

定额工程量同清单工程量。

【小贴士】 式中：5.98 为梁长；1.00 为增加长度；6 为钢筋根数；3.853 为钢筋每米的理论质量。

4. 植筋

（1）名词概念 植筋又叫种筋，是建筑结构抗震加固工程上的一种钢筋后锚固利用结构胶锁键握紧力作用的连接技术，是结构植筋加固与重型荷载紧固应用的最佳选择。化学法植筋是指在混凝土、墙体岩石等基材上钻孔，然后注入高强植筋胶（注：高强建筑植筋胶大致分为注射式植筋胶和桶装式植筋胶两种）。在插入钢筋或型材，胶固化后将钢筋与基材

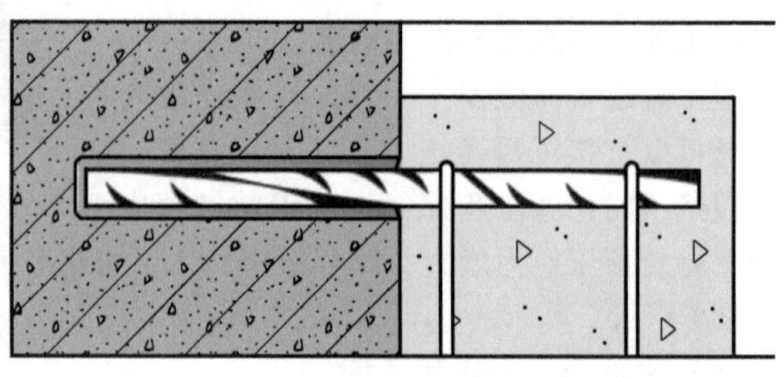

a) b)

图 9-9 植筋

a）植筋实物图 b）植筋细节图

粘结为一体，是加固补强行业较常用的一种建筑工程技术。植筋如图9-9所示。

（2）案例导入与算量解析

【例9-4】 如图9-10所示为梁支座内植筋，梁长为4520mm，保护层厚度为10mm，ϕ10钢筋弯钩长度为2×85mm，ϕ8钢筋弯钩长度为2×75mm，试计算其钢筋工程量。

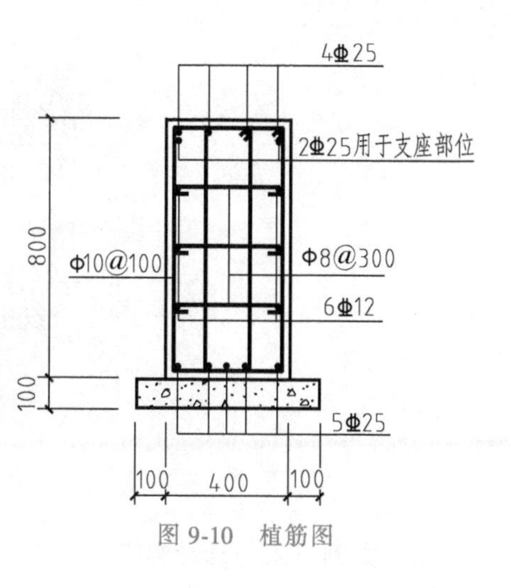

图9-10 植筋图

【解】

（1）识图内容 通过题干内容可知，图中梁上部配4根Φ25钢筋，及2根Φ25钢筋用于支座。外部箍筋为ϕ10钢筋间距100mm，内部箍筋为ϕ8钢筋间距为300mm，底部配筋为5根Φ25钢筋。

（2）工程量计算

1）清单工程量：

上部钢筋（Φ25）工程量=（4.52−0.01×2）×4×3.853

=69.40（kg）=0.069（t）。

支座部位钢筋（Φ25）工程量=（4.52−0.01×2）×2×3.853

=34.70（kg）=0.035（t）。

箍筋（ϕ10）工程量=［（4.52−0.01×2）÷0.1+1］×（0.4−0.01×2+0.8−0.01×2+2×0.085）×2×0.617=75.50（kg）=0.076（t）。

箍筋（ϕ8）工程量=3×（0.4−0.01×2+2×0.075）×2×0.395

=1.26（kg）=0.001（t）。

植筋（Φ12）工程量=6×（4.52−0.01×2）×0.888=23.98（kg）=0.024（t）。

底部钢筋（Φ25）工程量=（4.52−0.01×2）×5×3.853=86.69（kg）=0.087（t）。

Φ25钢筋工程量=0.069+0.035+0.087=0.191（t）。

Φ12钢筋工程量=0.024（t）。

ϕ10钢筋工程量=0.076（t）。

ϕ8钢筋工程量=0.001（t）。

2）定额工程量：

定额工程量同清单工程量。

【小贴士】 式中：4.52为梁长；3.853为Φ25钢筋每米的理论质量；0.617为ϕ10钢筋每米的理论质量；2×0.085为ϕ10钢筋弯钩长度；2×0.075为Φ8钢筋弯钩长度；0.395为ϕ8钢筋每米的理论质量；0.888为Φ12钢筋每米的理论质量。

5. 预埋铁件

视频9-3：预埋铁件

（1）名词概念 预埋铁件指预先埋入的钢铁结构件，一般仅指埋入混凝土结构中者，也称为“预埋件”。预埋铁件一部分埋入混凝土中起到锚固定位作用，露出来的剩余部分用来联结混凝土的附属结构，如支座、支架、步行板、伸缩缝或混凝土的二次联结设施等。预埋铁件可以是型钢焊接结构，也常见铸钢（铁）结构。预埋铁件实物图如图9-11所示。

图 9-11 预埋铁件实物图

（2）案例导入与算量解析

【例 9-5】 某楼梯栏杆详图如图 9-12 所示，栏杆的立杆之间间距为 110mm，共有 16 根立杆，试计算其中预埋铁件的工程量。

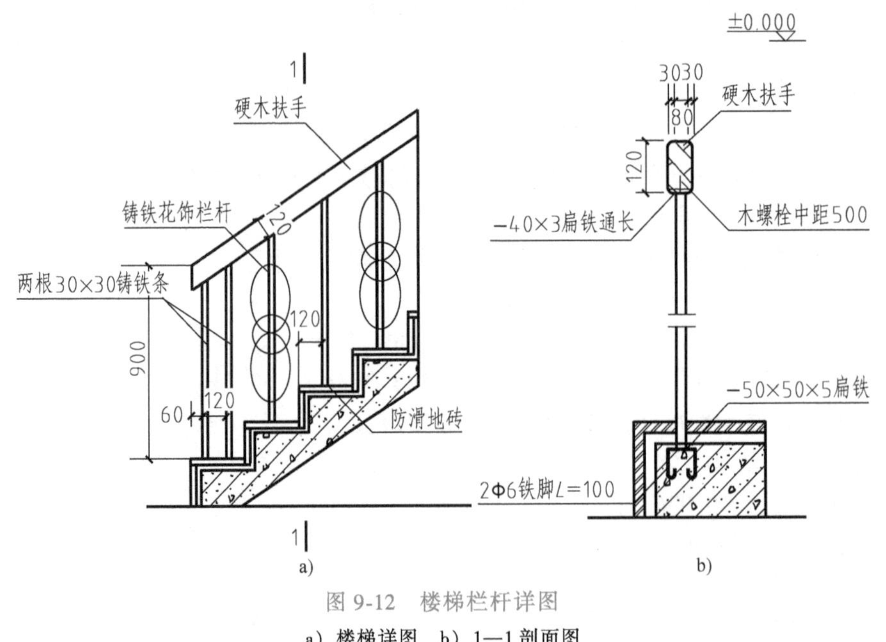

图 9-12 楼梯栏杆详图

a）楼梯详图 b）1—1 剖面图

【解】

（1）识图内容 通过题干内容可知，图中预埋铁件共有 16 组，其中扁铁尺寸为 50mm×50mm×5mm，铁脚尺寸为 2 根ф6 钢筋，长度为 100mm。

（2）工程量计算

1）清单工程量：

单个扁铁工程量＝0. 05×0. 05×0. 005×7850kg/m^3＝0. 098（kg）。

2ф6 钢筋工程量＝0. 1×2×0. 222＝0. 044（kg）。

预埋铁件工程量＝16×(0. 098+0. 044)＝2. 272(kg)＝0. 002（t）。

2）定额工程量：

定额工程量同清单工程量。

【小贴士】 式中：7850kg/m^3 为铁的密度；0.05×0.05×0.005 为扁铁的尺寸；0.222 为Φ6 钢筋每米的理论质量。

9.3　关系识图与疑难分析

音频 9.3：箍筋的作用

9.3.1　关系识图

箍筋表示方法

（1）箍筋表示方法

1）Φ10@100/200（2）：表示箍筋为Φ10，加密区间距 100mm，非加密区间距 200mm，全为双肢箍，如图 9-13 所示。

2）Φ10@100/200（4）：表示箍筋为Φ10，加密区间距 100mm，非加密区间距 200mm，全为四肢箍，如图 9-14 所示。

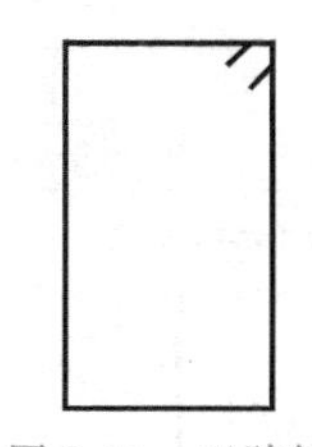

图 9-13　双肢箍

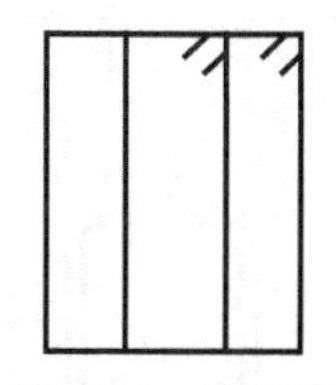

图 9-14　四肢箍

3）Φ8@200（2）：表示箍筋为Φ8，间距为 200mm，双肢箍。

4）Φ8@100（4）/150（2）：表示箍筋为Φ8，加密区间距 100mm，四肢箍，非加密区间距 150mm，双肢箍。

（2）梁上主筋和梁下主筋同时表示方法

1）3Φ22，3Φ20；表示上部钢筋为 3Φ22；下部钢筋为 3Φ20。

2）2Φ12，3Φ18；表示上部钢筋为 2Φ12，下部钢筋为 3Φ18。

3）4Φ25，4Φ25；表示上部钢筋为 4Φ25，下部钢筋为 4Φ25。

4）3Φ25，5Φ25；表示上部钢筋为 3Φ25，下部钢筋为 5Φ25。

（3）梁上部钢筋表示方法（标在梁上支座处）

1）2Φ20：表示两根Φ20 的钢筋，通长布置，用于双肢箍。

2）2Φ22+(4Φ12)：表示 2Φ22 为通长筋，4Φ12 为架立筋，用于六肢箍。

3）6Φ25　4/2：表示上部钢筋上排为 4Φ25，下排为 2Φ25。

4）2Φ22+2Φ22：表示只有一排钢筋，两根在角部，两根在中部，均匀布置。

（4）梁腰中钢筋表示方法

1）G2Φ12：表示梁两侧的构造钢筋，每侧一根Φ12。

2）G4Φ14：表示梁两侧的构造钢筋，每侧两根Φ14。

3）N2Φ22：表示梁两侧的抗扭钢筋，每侧一根Φ22。

4）N4 ⌀ 18：表示梁两侧的抗扭钢筋，每侧两根⌀ 18。

（5）梁下部钢筋表示方法（标在梁的下部）

1）4 ⌀ 25：表示只有一排主筋，4 ⌀ 25 全部伸入支座内。

2）6 ⌀ 25　2/4：表示有两排钢筋，上排筋为 2 ⌀ 25，下排筋 4 ⌀ 25。

3）6 ⌀ 25　(-2)/4：表示有两排钢筋，上排筋为 2 ⌀ 25 不伸入支座，下排筋 4 ⌀ 25 全部伸入支座。

4）2 ⌀ 25+3 ⌀ 22(-3)/5 ⌀ 25：表示有两排筋，上排筋为 5 根。2 ⌀ 25 伸入支座，3 ⌀ 22 不伸入支座。下排筋 5 ⌀ 25，通长布置。

如图 9-15 所示梁配筋图，梁左侧 1—1 剖面上部配 2 根Φ 6 钢筋，下部配 2 根Φ 12 钢筋，两侧各有Φ 6 箍筋，间距为 55mm，共 8 根。

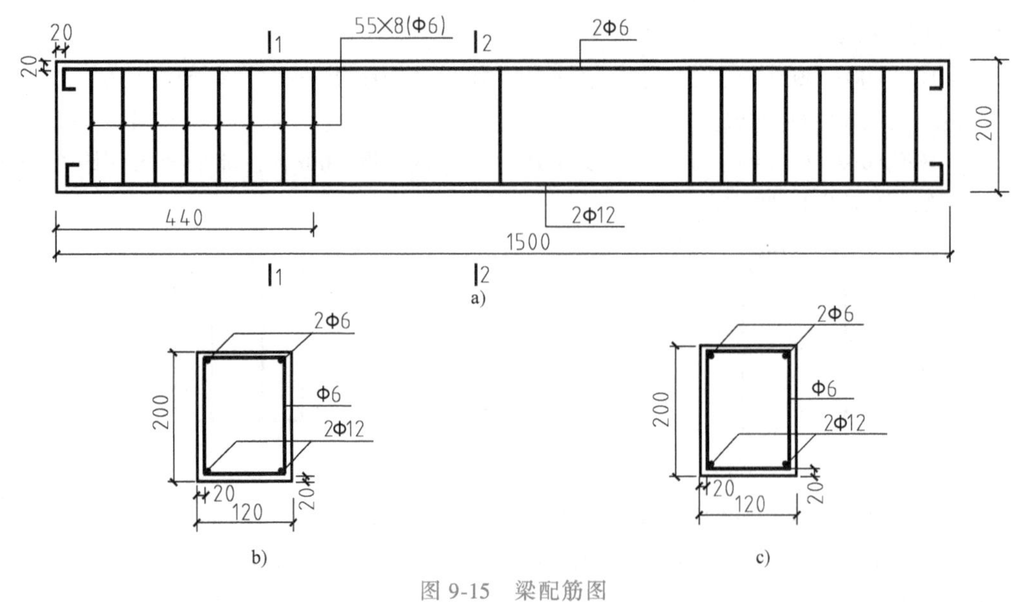

图 9-15　梁配筋图

a）立面图　b）1—1 剖面图　c）2—2 剖面图

9.3.2　疑难分析

1. 本章工程量清单计算应注意的问题

1）本章的清单工程量均按设计重量计算。设计注明搭接的应计算搭接长度；设计未注明搭接的，则不计算搭接长度。预埋铁件的计量单位为千克（kg），其他均以“吨（t）”为计量单位。

2）本章所列的型钢指劲性骨架，凡型钢与钢筋组合（除预埋铁件外），钢格栅应按型钢和钢筋分别列清单项目。

3）先张法预应力钢筋项目的工程内容包括张拉台座制作、安装、拆除和钢筋、钢丝束制作安装等全部内容。

4）后张法预应力钢筋项目的工程内容包括钢丝束孔道制作安装，钢筋、钢丝束制作张拉，孔道压浆和锚具。

5）现浇构件中伸出构件的锚固钢筋、预制构件的吊钩和固定位置的支撑钢筋等，应并入钢筋工程量内。除设计标明的搭接外，其他施工搭接不计算工程量，由投标人在报价中综合考虑。

6）钢筋工程所列“型钢”是指劲性骨架的型钢部分。

7）凡型钢与钢筋组合（除预埋铁件外）的钢格栅，应分别列项。

2. 钢筋的保护层

混凝土保护层，是指从钢筋的外边缘至构件外表面之间的距离。最小保护层厚应符合设计图中要求。

设计规范规定：纵向受力的普通钢筋及预应力钢筋，其混凝土保护层厚度不应小于受力钢筋直径，并应符合表9-2中规定。

表9-2　钢筋的混凝土保护层厚度　（单位：mm）

环境类别	板、墙、壳			梁			柱		
	≤C20	C25~C45	≥C50	≤C20	C25~C45	≥C50	≤C20	C25~C45	≥C50
室内正常环境	20	15	15	30	25	25	30	30	30
非寒冷地区漏天环境	—	20	20	—	30	30	—	30	30

钢筋保护层示意图如图9-16所示，计算钢筋长度时，需扣除保护层厚度。

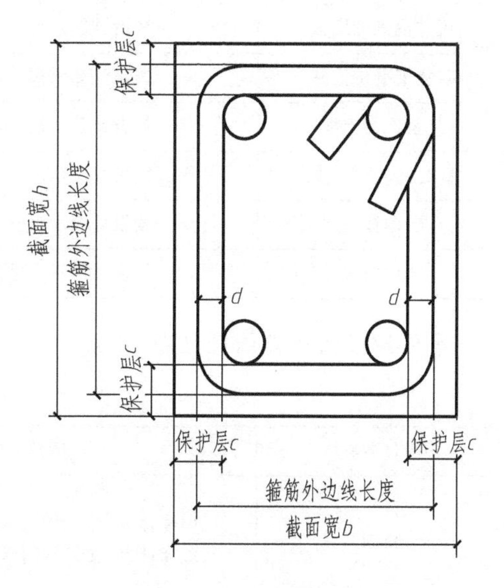

图9-16　钢筋保护层

3. 钢筋弯钩的计算

（1）名词解释　钢筋弯钩的增加长度是指为增加钢筋和混凝土的握裹力，在钢筋端部做弯钩时，弯钩相对于钢筋平直部分外包尺寸增加的长度。

（2）弯钩形式　弯钩弯曲的角度常有90°、135°和180°三种。一般，Ⅰ级钢筋端部按带180°弯钩考虑，若无特别的图示说明，Ⅱ级钢筋端部按不带弯钩考虑。钢筋钩头弯后平直部分的长度一般为钢筋直径的3倍。直弯钩只用在柱钢筋的下部、箍筋和附加钢筋中；斜弯钩只用在直径较小的钢筋中；半圆弯钩是最常用的一种弯钩。弯钩的常见形式如图9-17所示。

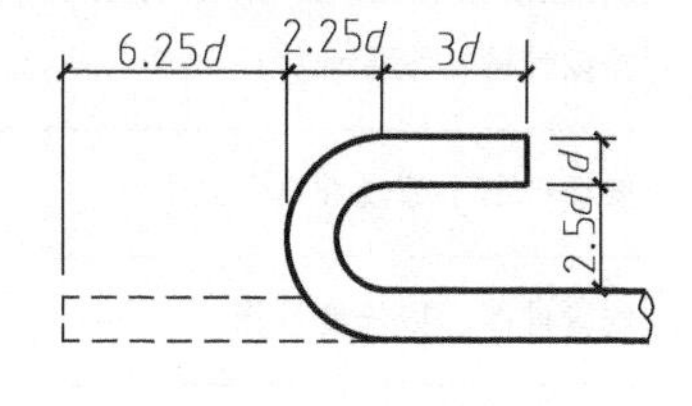

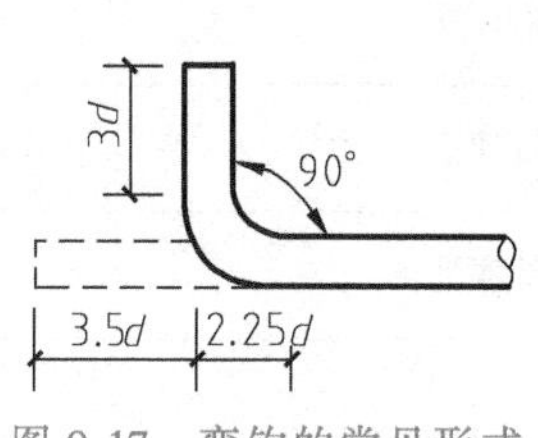

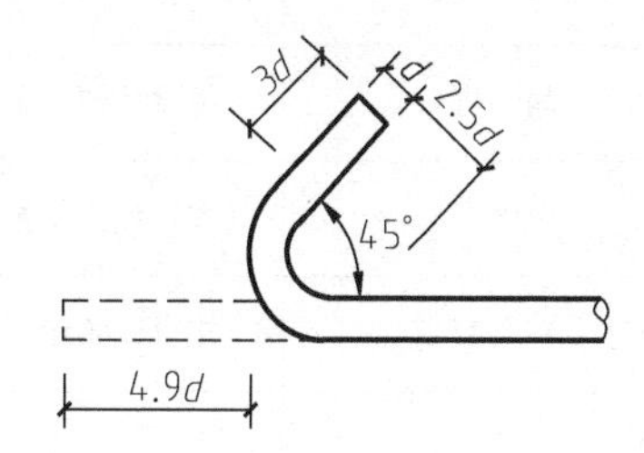

图9-17　弯钩的常见形式

第10章 水处理工程

10.1 工程量计算依据

新的清单范围水处理划分的子目包含有水处理构筑物、水处理设备 2 节，共 38 个项目。水处理构筑物计算依据见表 10-1。

表 10-1 水处理构筑物计算依据

项目名称	清单规则	定额规则
沉井混凝土底板	按设计图示尺寸以体积计算	按设计图示尺寸以体积计算
现浇混凝土池柱	按设计图示尺寸以体积计算	按设计图示尺寸以体积计算
现浇混凝土板	按设计图示尺寸以体积计算	按设计图示尺寸以体积计算
混凝土导流壁、筒	按设计图示尺寸以体积计算	按设计图示尺寸以体积计算
滤板	按设计图示尺寸以面积计算	按设计图示尺寸以面积计算
柔性防水	按设计图示尺寸以面积计算	按设计图示尺寸以体积计算

水处理设备计算依据见表 10-2。

表 10-2 水处理设备计算依据

项目名称	清单规则	定额规则
格栅	1)以吨计量,按设计图示尺寸以质量计算 2)以套计量,按设计图示数量计算	1)以吨计量,按设计图示尺寸以质量计算 2)以套计量,按设计图示数量计算
格栅除污机	按设计图示数量计算	按设计图示数量计算
曝气机	按设计图示数量计算	按设计图示数量计算
曝气器	按设计图示数量计算	按设计图示数量计算
布气管	按设计图示以长度计算	按设计图示以长度计算
闸门	1)以座计量,按设计图示数量计算 2)以吨计量,按设计图示尺寸以质量计算	1)以座计量,按设计图示数量计算 2)以吨计量,按设计图示尺寸以质量计算

10.2　工程案例实战分析

10.2.1　问题导入

相关问题：

1）沉井的相关计算规则是什么？

2）混凝土池相关构件是如何计算的？

10.2.2　案例导入与算量解析

水处理构筑物

（1）现浇混凝土池柱

1）名词概念。用钢筋混凝土做成的柱子，如图 10-1 所示。

2）案例导入与算量解析。

【例 10-1】 已知某给水排水工程中给水排水构筑物现浇钢筋混凝土半地下式水池剖面图如图 10-2 所示，三维图如图 10-3 所示，实物图如图 10-4 所示，现浇混凝土池柱截面尺寸为 200mm×200mm，试求现浇混凝土水池的体积。

图 10-1　现浇混凝土池柱实物图

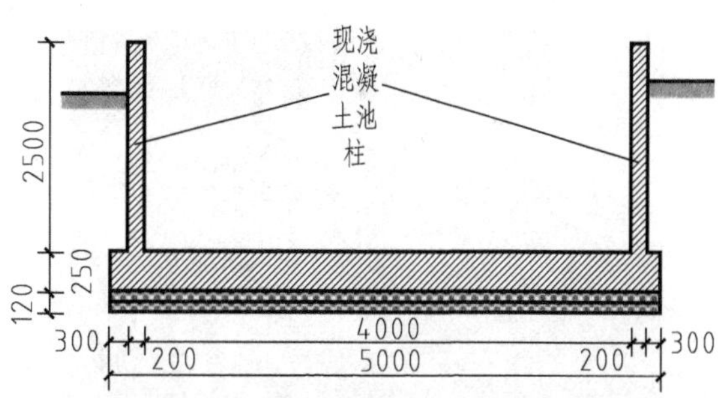

图 10-2　现浇混凝土水池剖面图

图 10-3　现浇混凝土水池三维图

图 10-4　现浇混凝土水池实物图

【解】

(1) 识图内容　由题干可知，现浇混凝土池柱截面尺寸为200mm×200mm，通过现浇混凝土水池剖面图可知现浇混凝土池柱高为2500mm，通过现浇混凝土水池三维图可知现浇混凝土池柱数量为2根。

(2) 工程量计算

1) 清单工程量：

$V=0.2\times0.2\times2.5\times2=0.2$ (m^3)。

2) 定额工程量：

定额工程量同清单工程量。

【小贴士】 式中：0.2×0.2为现浇混凝土池柱截面面积；2.5为现浇混凝土池柱的高；2为现浇混凝土池柱的数量。

(2) 现浇混凝土板

视频10-1：现浇混凝土板

1) 名词概念。用钢筋混凝土材料制成的板，是房屋建筑和各种工程结构中的基本结构或构件，常用作屋盖、楼盖、平台、墙、挡土墙、基础、地坪、路面、水池等，应用范围极广。钢筋混凝土板按平面形状分为方板、圆板和异形板。按结构的受力作用方式分为单向板和双向板。最常见的有单向板、四边支承双向板和由柱支承的无梁平板。板的厚度应满足强度和刚度的要求，如图10-5所示。

2) 案例导入与算量解析。

【例10-2】 已知某给水排水工程中给水排水构筑物现浇钢筋混凝土水池平面图如图10-6所示，三维图如图10-7所示，实物图如图10-8所示，板厚120mm，试求现浇混凝土板的体积。

图10-5　现浇混凝土板

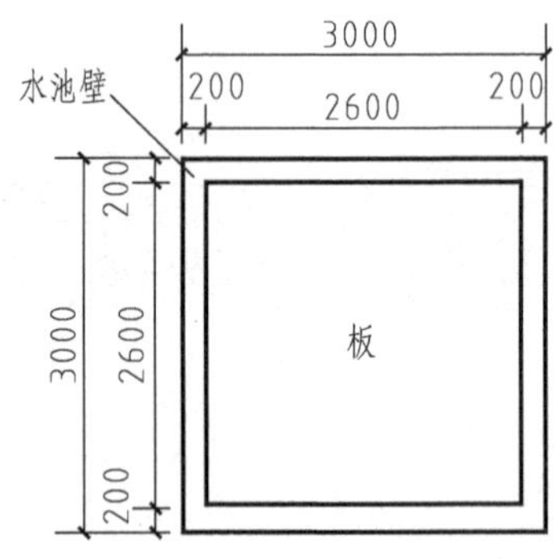

图10-6　现浇混凝土水池平面图

图10-7　现浇混凝土水池三维图

图10-8　现浇混凝土水池实物图

【解】

(1) 识图内容 由题干可知，现浇混凝土板厚 120mm，通过现浇混凝土水池平面图可知，现浇混凝土板尺寸为 2.6m×2.6m。

(2) 工程量计算

1) 清单工程量：

$V=2.6\times2.6\times0.12=0.81$ (m^3)。

2) 定额工程量：

定额工程量同清单工程量。

【小贴士】 式中：2.6×2.6 为现浇混凝土板截面面积；0.12 为现浇混凝土板的厚度。

10.3 关系识图与疑难分析

10.3.1 关系识图

1. 市政水处理工程识图

市政水处理工程识图如图 10-9 所示。

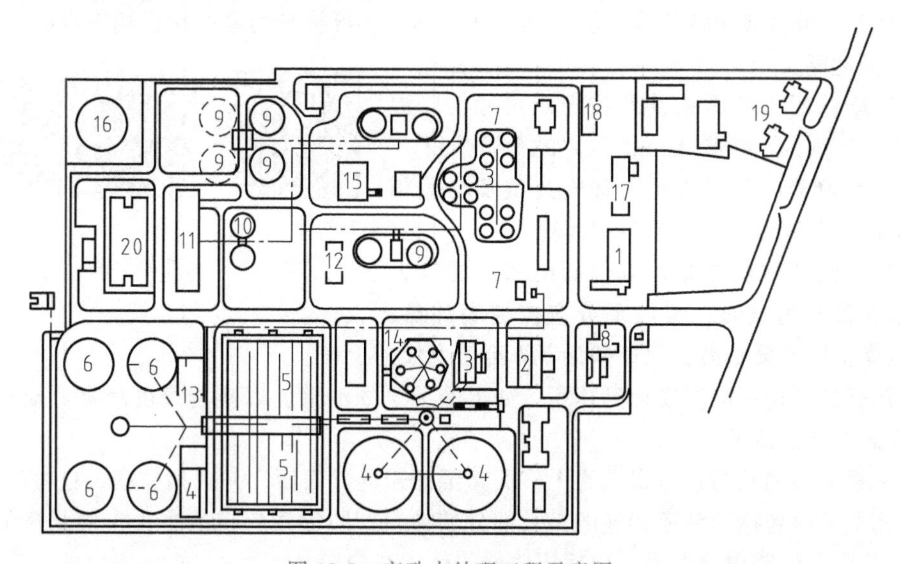

图 10-9 市政水处理工程示意图

1—办公化验楼 2—污水提升泵房 3—沉砂池 4—沉池 5—曝气池 6—二沉池 7—活性污泥浓缩池 8—污泥预热池 9—消化池 10—下滑污泥浓缩池 11—污泥脱水车间 12—中心控制室 13—污泥回流泵房 14—鼓风机车间 15—锅炉房 16—储气柜 17—食堂 18—变电室 19—生活区 20—事故干化厂

2. 城市污水处理流程图识图

城市污水处理流程图识图如图 10-10 所示。

从图 10-10 中可看出，一级处理属于物理处理，二级处理属于生物处理，而污泥处理则采用厌氧生物处理（即消化）。为缩小污泥消化池的容积，通常将两个沉池的污泥在进入消

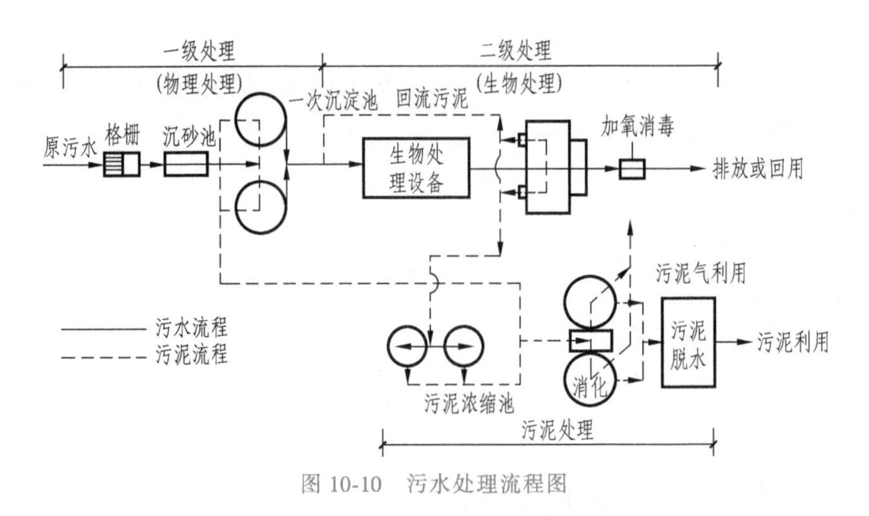

图 10-10 污水处理流程图

化池前进行浓缩。经处理后的污泥可进行综合利用，污泥气可作化工原料或燃料使用。

10.3.2 疑难分析

1. 沉井

1）沉井垫木按刃脚中心线以“100 延长米”为单位。

2）沉井井壁及隔墙的厚度不同，如上薄下厚时，可按平均厚度执行相应定额。

2. 钢筋混凝土池

音频 10-1：沉淀池　音频 10-2：沉淀池分类　音频 10-3：沉淀池的作用

1）钢筋混凝土各类构件均按图示尺寸，以混凝土实体积计算，不扣除 0.3m^2 以内的孔洞体积。

2）各类池盖中的进人孔、透气孔盖及与盖相连接的结构，工程量合并在池盖中计算。

3）平底池的池底体积，应包括池壁下的扩大部分；池底带有斜坡时，斜坡部分应按坡底计算；锥形底应算至壁基梁底面，无壁基梁者算至锥底坡的上口。

4）池壁分别按不同厚度计算体积，如上薄下厚的池壁，以平均厚度计算。池壁高度应自池底板面算至池盖下面。

5）无梁盖柱的柱高，应自池底上表面算至池盖的下表面，并包括柱座、柱帽的体积。

6）无梁盖应包括与池壁相连的扩大部分的体积；肋形盖应包括主、次梁及盖部分的体积；球形盖应自池壁顶面以上，包括边侧梁的体积在内。

7）沉淀池水槽，是指池壁上的环形溢水槽及纵横 U 形水槽，但不包括与水槽相连接的矩形梁，矩形梁可执行梁的相应项目。

第11章 路灯工程及拆除工程

11.1 工程量计算依据

路灯工程及拆除工程划分的子目包含有变配电设备工程、10kV 以下架空线路工程、电缆工程、配管和配线工程、照明器具安装工程、防雷接地装置工程、电气调整试验工程、拆除工程 8 节，共 74 个项目。

变配电设备工程计算依据见表 11-1。

表 11-1 变配电设备工程计算依据

项目名称	清单规则	定额规则
杆上变压器	按设计图示数量计算	按设计图示数量计算
高压成套配电器		
低压成套配电器		
线缆短线报警装置		

配管、配线工程计算依据见表 11-2。

表 11-2 配管、配线工程计算依据

项目名称	清单规则	定额规则
配管	按设计图示尺寸以长度计算	按设计图示尺寸以长度计算
配线	按设计图示尺寸另加预留量以单线长度计算	按设计图示尺寸另加预留量以单线长度计算
接线箱	按设计图示数量计算	按设计图示数量计算
接线盒		
带形母线	按设计图示尺寸另加预留量以单线长度计算	按设计图示尺寸另加预留量以单线长度计算

11.2 工程案例实战分析

11.2.1 问题导入

相关问题：

1）路灯工程在施工时的注意事项？

2）杆上变压器工程量如何计算？

3）高压成套配电器、低压成套配电器工程量如何计算？

11.2.2 案例导入与算量解析

变配电设备工程

（1）杆上变压器

1）名词概念。安装在电杆上的户外式配电变压器。变压器是利用电磁感应的原理来改变交流电压的装置，主要构件是初级线圈、次级线圈和铁芯（磁芯）。主要功能有：电压变换、电流变换、阻抗变换、隔离、稳压（磁饱和变压器）等。按用途可以分为：电力变压器和特殊变压器（电炉变、整流变、工频试验变压器、调压器、矿用变、音频变压器、中频变压器、高频变压器、冲击变压器、仪用变压器、电子变压器、电抗器、互感器等）。电路符号常用 T 当作编号的开头，例：T01，T201 等。如图 11-1 所示。

图 11-1 杆上变压器

视频 11-1：变压器

2）案例导入与算量解析。

【例 11-1】 已知某杆上变压器平面图如图 11-2 所示，实物图如图 11-3 所示，试求杆上变压器。

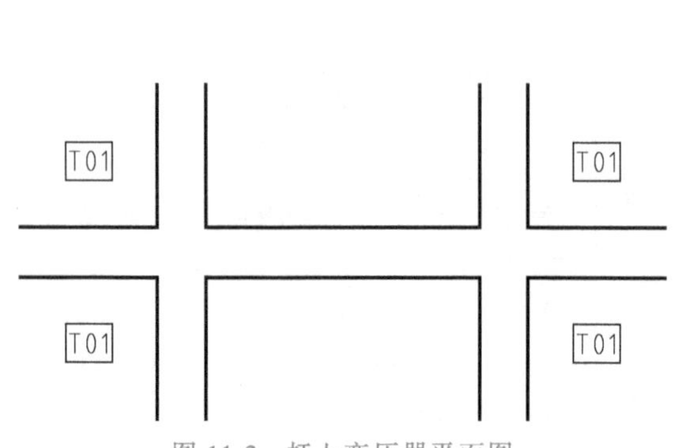

图 11-2 杆上变压器平面图

图 11-3 杆上变压器实物图

【解】

（1）识图内容 通过杆上变压器平面图可知杆上变压器数量为 4 台。

（2）工程量计算

1）清单工程量：

按设计图示数量计算 = 4（台）。

2）定额工程量：

定额工程量同清单工程量。

【小贴士】　式中：4 为杆上变压器数量。

（2）杆上配电箱

1）名词概念。安装在电杆上的配电箱。配电箱是数据上的海量参数，一般是构成低压电气接线，要求将开关设备、测量仪表、保护电器和辅助设备组装在封闭或半封闭金属柜中或屏幅上，构成低压配电箱。正常运行时可借助手动或自动开关接通或分断电路。如图 11-4 所示。

图 11-4　杆上配电箱

2）案例导入与算量解析。

【例 11-2】　已知杆上配电箱平面图如图 11-5 所示，实物图如图 11-6 所示，试求杆上配电箱工程量。

音频 11-1：配电箱特点

音频 11-2：配电箱用途

音频 11-3：配电箱工作原理

视频 11-2：配电箱

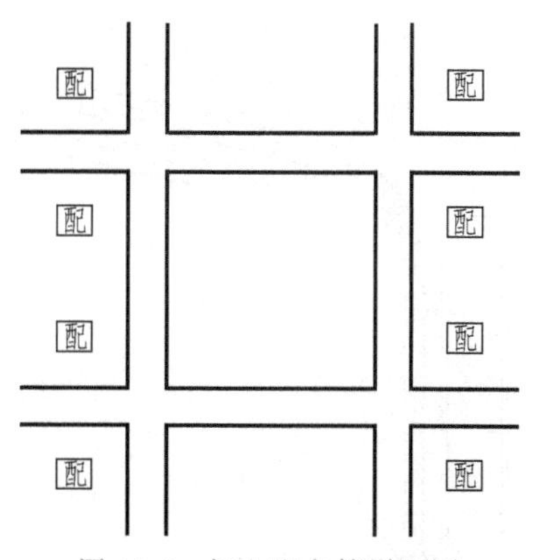

图 11-5　杆上配电箱平面图

图 11-6　杆上配电箱实物图

【解】

（1）识图内容　通过杆上配电箱平面图可知杆上变压器数量为 8 台。

（2）工程量计算

1）清单工程量：

按设计图示数量计算 = 8（台）。

2）定额工程量：

定额工程量同清单工程量。

【小贴士】　式中：8 为杆上配电箱数量。

11.3 关系识图与疑难分析

11.3.1 关系识图

1. 高压汞灯控制线路识图

高压汞灯控制线路图如图 11-7 所示。

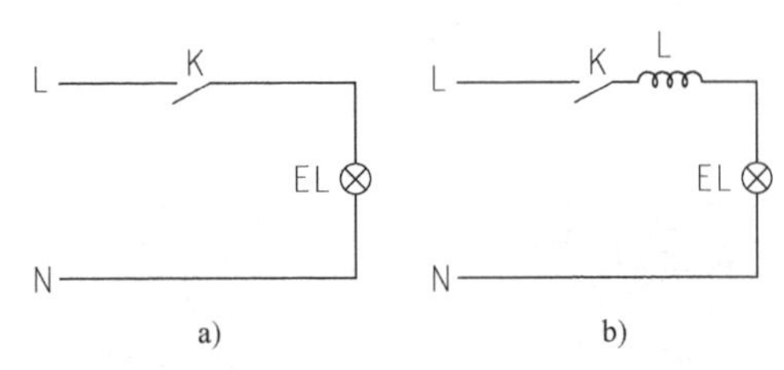

图 11-7 高压汞灯控制线路图

a）自镇流式接线图 b）带镇流式接线图

电气工程接线图可分为电气装置内部各元件之间及其与其他装置之间的连接关系等图。这里说的接线图，主要是指路灯照明系统中的电缆（线）接线、电缆中间头接线、灯具接线、路灯控制设备接线等。这种图样是用来指导路灯照明线路、设备安装、接线和查线的图样。

2. 防爆荧光灯立柱式安装详图

防爆荧光灯立柱式安装详图如图 11-8 所示。

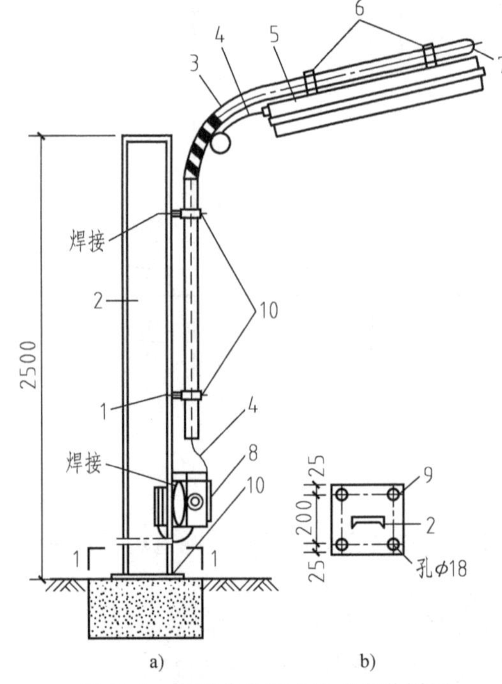

图 11-8 防爆荧光灯立柱式安装详图

a）立面 b）1—1 剖面

1、2—槽钢 3—镀锌钢管 4—电缆 5—防爆荧光等 6—关卡 7—密封头 8—防爆接线盒 9—钢板 10—螺栓、螺母、垫圈

11.3.2 疑难分析

1）小电器包括按钮、测量表计、继电器、电磁锁、屏上辅助设备、辅助电压互感器、小型安全变压器等。

2）电缆保护管敷设方式清单项目特征描述时应区分直埋保护管、过路保护管。

3）常规照明灯是指安装在高度不大于 15m 的灯杆上的照明器具。中杆照明灯是指安装在高度不大于 19m 的灯杆上的照明器具。高杆照明灯是指安装在高度大于 19m 的灯杆上的照明器具。

4）拆除路面、人行道及管道清单项

目的工作内容中均不包括基础及垫层拆除，发生时按相应清单项目编码列项。

5）导线架设，分导线类型与截面，按 1km/单线计算，导线预留长度规定见表 11-3。

表 11-3　导线预留长度

项目名称		长度/m
高压	转角	2.5
	分支、终端	2.0
低压	分支、终端	0.5
	交叉跳线转角	1.5
与设备连接		0.5

6）电缆保护管长度，除按设计规定长度计算外，遇有下列情况，应按以下规定增加保护管长度：①横穿道路，按路基宽度两端各加 2m；②垂直敷设时管口离地面加 2m；③穿过建筑物外墙时，按基础外缘以外加 2m；④穿过排水沟，按沟壁外缘以外加 1m。

第12章 市政工程定额与清单计价

12.1 市政工程定额计价

12.1.1 市政工程施工定额

1. 施工定额的概念

施工定额是直接用于市政施工管理中的一种定额，是施工企业管理工作的基础。它是以同一性质的施工过程为测定对象，在正常施工条件下完成单位合格产品所需消耗的人工、材料和机械台班的数量标准，因采用技术测定方法制定，故又叫技术定额。根据施工定额可以直接计算出不同工程项目的人工、材料和机械台班的需要量。

施工定额是以工序定额为基础，由工序定额结合而成的，可直接用于施工之中。施工定额由劳动定额、材料消耗定额和机械台班使用定额三部分组成。

音频12-1：施工定额的编制原则

2. 施工定额的作用

1）施工定额是施工队向班组签发施工任务单和限额领料单的依据。

2）施工定额是编制施工预算的主要依据。

3）施工定额是施工企业编制施工组织设计和施工作业计划的依据。

4）施工定额是加强企业成本核算和成本管理的依据。

5）施工定额是编制预算定额和单位估价表的依据。

6）施工定额是贯彻经济责任制、实行按劳分配和内部承包责任制的依据。

12.1.2 市政工程预算定额

1. 预算定额的概念

预算定额是确定计量单位的分项工程或结构构件的人工、材料、机械台班消耗量的标准。现行市政工程的预算定额，有全国统一使用的预算定额，如住建部编制的《全国统一市政工程预算定额》，也有各省、市编制的地区的预算定额，如《浙江省市政工程预算定额》（2003版）。

2. 预算定额的作用

1）预算定额是编制单位估价表和施工图预算、合理确定工程造价的基本依据。

2）预算定额是国家对基本建设进行计划管理和认真贯彻执行“厉行节约”方针的重要工具之一。

3）预算定额是工程竣工决算的依据。

4）预算定额是建筑安装企业进行经济核算与编制施工作业计划的依据。

5）预算定额是编制概算定额与概算指标的基础资料。

6）预算定额是编制招标标底、投标报价的依据。

7）预算定额是编制施工组织设计的依据。

综上所述，预算定额对合理确定工程造价、实行计划管理、监督工程拨款、进行竣工决算、促进企业经济核算、改善经营管理以及推行招标投标制等方面，都有重要的作用。

3. 预算定额的编制

（1）预算定额的编制原则

1）定额水平符合社会必要劳动量的原则。

2）内容形式简明适用的原则。

3）集中领导、分级管理的原则。

（2）预算定额的编制依据

1）现行的设计规范、施工及验收规范、质量评定标准和安全操作规程。

2）现行的劳动定额、施工材料消耗定额和施工机械台班使用定额。

3）现行的标准通用图和应用范围广的设计图纸或图集。

4）新技术、新结构、新材料和先进的施工方法等。

5）有关科学试验、技术测定、统计和分析测算的施工资料。

6）现行的有关文件规定等。

4. 预算定额的组成及内容

（1）预算定额的组成　现行预算定额一般由九册及附录册组成。第一册《通用项目》，第二册《道路工程》，第三册《桥涵工程》，第四册《隧道工程》，第五册《给水工程》，第六册《排水工程》，第七册《燃气与集中供热工程》，第八册《路灯工程》，第九册《地铁工程》。

（2）预算定额的基本内容　一般由目录、总说明、分部工程说明和分项（节）工程说明、工程量计算规则、分项工程定额表和有关附录等组成，如图 12-1 所示。

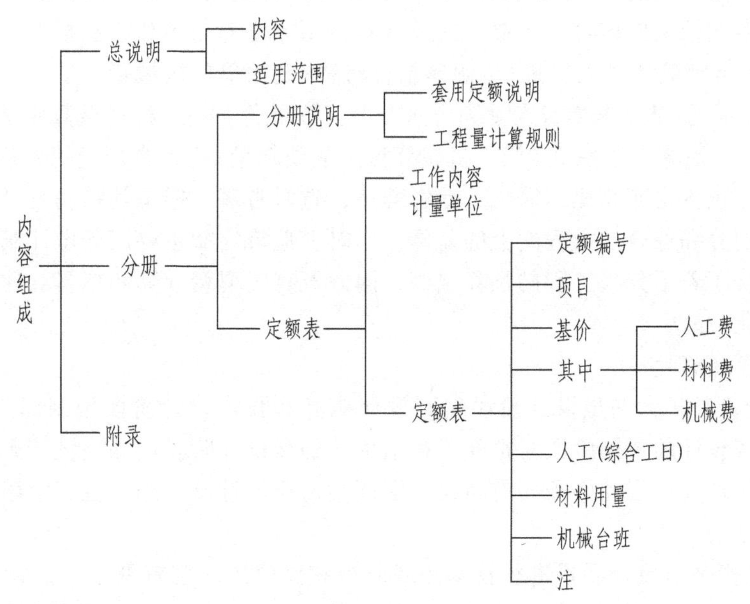

图 12-1　预算定额的内容组成

1）目录。主要便于查找，将总说明、各类工程的分部分项定额顺序列出并说明页数。

2）总说明。总说明是综合说明定额的编制原则和编制依据、适用范围以及定额的作用，定额的有关规定和使用方法。使用定额时必须熟悉和掌握总说明内容。

3）册、章说明。它主要说明该章、册各分部的工程内容和该分部所包括的工程项目的工作内容及主要施工过程，工程量计算方法和规定，计量单位、尺寸的起讫范围，应扣除和应增加的部分，以及计算附表等。这部分是工程量计算的基准，必须全面掌握。

4）定额项目表及分部分项表头说明。定额项目表是预算定额的主要构成部分，每个定额表列有工作内容、计量单位、项目名称、定额编号、定额基价以及人工、材料、机械等的消耗定额。表下列有附注，说明设计与定额不符时如何调整，以及其他有关事项的说明。分部分项表头说明列于定额项目表的上方，说明该分部分项工程所包含的主要工序和工作内容。

5）附录。附录是定额的有机组成部分，一般包括机械台班预算价格表，各种砂浆、混凝土的配合比以及各种材料名称规格表等，供编制预算与材料换算用。

12.1.3 市政工程概算定额

1. 概算定额的概念

概算定额也叫扩大结构定额，它是指生产一定计量单位扩大的分项工程或结构构件所需的人工、材料及台班消耗量的标准。它是在预算定额的基础上，进行综合、合并而成。

概算定额是在预算定额的基础上，按常用主体结构工程列项，以主要工程内容为主，适当合并相关预算定额的分项内容进行综合扩大而编制的。例如砖基础的概算定额是以砖基础为主，综合了平整场地、挖地坑、砌砖基础、铺设防潮层、回填土、运土等分项工程而形成。

概算定额与预算定额的相同之处在于，他们都是以建筑物各个结构部分和分部分项工程为单位表示的，内容也包括人工、材料和机械台班消耗量定额三个基础部分，并列有基准价。概算定额表达的主要内容、主要方式及基本使用方法都与预算定额相近。

定额基准价=定额单位人工费+定额单位材料费+定额单位机械费

=∑(人工概算定额消耗量×人工工资单价)+∑(材料概算定额消耗量×材料预算价格)+∑(施工机械概算定额消耗量×机械台班费用单价)　　(12-1)

概算定额与预算定额相比，简化了计算程序，省时省事，但是其精确度降低了。其不同之处在于项目划分和综合扩大程度上的差异，同时，概算定额主要用于设计概算的编制。由于概算定额综合了若干分项工程的预算定额，因此概算工程量计算和概算表的编制都比编制施工图预算简化一些。

2. 概算定额的作用

1）概算定额是扩大初步设计阶段编制设计概算和技术设计阶段编制修正概算的依据。按有关规定应按设计的不同阶段对拟建工程估价，初步设计阶段应编制设计概算，技术设计阶段应编制修正概算，因此必须要有与设计深度相适应的计价定额。概算定额是为适应这种设计深度而编制的。

2）概算定额是对设计项目进行技术经济分析和比较的基础资料之一。设计方案的比较主要是对建筑、结构方案进行技术、经济比较，目的是选出经济合理的优秀设计方案。概算定额按扩大分项工程或扩大结构构件划分定额项目，可为设计方案的比较提供方便的条件。

3）概算定额是编制建设项目主要材料计划的参考依据。项目建设所需要的材料、设备应先提出采购计划，再据此进行订购。根据概算定额的材料消耗指标计算工、料数量比较准确、快速，可以在施工图设计之前提出计划。

4）概算定额是编制概算指标的依据。概算指标比概算定额更加综合扩大，因此概算指标的编制需以概算定额作为基础，结合其他资料和数据才能完成。

5）概算定额是编制招标控制价和投标报价的依据。使用概算定额编制招标标底、投标报价，既有一定的准确性，又能快速报价。

3. 概算定额的编制依据

1）现行国家和地区的建筑标准图、定型图集及常用工程设计图。

2）现行工程设计规范、施工质量验收规范、建筑安装工程操作规程等。

3）现行全国统一预算定额、地区预算定额及施工定额。

4）过去颁发的概算定额。

5）现行地区人工工资标准、材料价格、机械台班单价等资料。

6）有关的施工图预算、工程结算、竣工决算等资料。

4. 概算定额的内容

概算定额的内容是由计量单位扩大的预算价格及相应的劳动、材料、机械台班的消耗指标及费用组成。概算定额的编制深度要适应设计要求，在保证设计概算质量的前提下，本着简化与实际相结合，力求简明、适用、准确。

概算定额在项目划分时应本着不留活口或少留活口的原则进行。在定额水平方面，概算定额与预算定额水平之间应预留一定的幅度差，以便概算定额编制的设计概算能成为控制施工图预算的依据。

5. 概算定额的编制步骤

概算定额的编制一般分三阶段进行，即准备阶段、编制初稿阶段和审查定稿阶段。

（1）准备阶段　该阶段主要是确定编制机构和人员组成，进行调查研究，了解现行概算定额执行情况和存在问题，明确编制的目的，制定概算定额的编制方案和确定概算定额的项目。

（2）编制初稿阶段　该阶段是根据已经确定的编制方案和概算定额项目，收集和整理各种编制依据，对各种资料进行深入细致的测算和分析，确定人工、材料和机械台班的消耗量指标，最后编制概算定额初稿。

（3）审查定稿阶段　该阶段的主要工作是测算概算定额水平，即测算新编制概算定额与原概算定额及现行预算定额之间的水平。测算的方法既要分项进行测算，又要通过编制单位工程概算以单位工程为对象进行综合测算。概算定额水平与预算定额水平之间应有一定的幅度差，幅度差一般在5%以内。

概算定额经测算比较后，可报送国家授权机关审批。

6. 编制概算定额的一般要求

1）概算定额的编制深度要适应设计深度的要求，因为概算定额的编制是在设计阶段进行的，所以要与设计深度相适应，才能保证概算的准确性。

2）概算定额水平的确定应与基础定额、预算定额的水平基本一致。它必须反映在正常条件下，大多数企业的设计、生产、施工管理水平。

由于概算定额是在预算定额的基础上，适当地再一次扩大、综合和简化，因而在工程标准、施工方法和工程量取值等方面要进行综合。概算定额与预算定额之间必将产生并允许留有一定的幅度差，以便根据概算定额编制的概算能够控制住施工图预算。

12.1.4 市政定额计价的编制

1. 市政工程造价的组成

市政工程造价由直接费、间接费、利润和税金组成。

2. 预算定额计价法及工程费用计算程序

(1) 预算定额计价方法 预算定额计价一般采用工料单价法计价。

工料单价法是指项目单价由人工费、材料费、施工机械使用费组成，施工组织措施费、企业管理费、利润、规费、税金、风险费用等按规定程序另行计算的一种计价方法。

$$项目合价=工料单价\times项目工程数量 \tag{12-2}$$

$$工程造价=\sum[项目合价+取费基数\times(施工组织措施费率+企业管理费率+利润费)+规费十税金+风险费用] \tag{12-3}$$

(2) 工料单价法计价的工程费用计算程序

1) 以人工费加机械费为计算基数的工程费用计算程序见表12-1。

表12-1 以人工费加机械费为计算基数的工程费用计算程序

序号	工程名称	取费说明	金额
一	直接工程费	Σ(分部分项项目工程量×工料单价)	
	其中:1. 人工费		
	2. 机械费		
二	施工技术措施费	Σ(技术措施项目工程量×工料单价)	
	其中:3. 人工费		
	4. 机械费		
三	施工组织措施费	Σ[(1+2+3+4)×施工组织措施费率]	
四	综合费用	(1+2+3+4)×综合费用费率	
五	规费	(一+二+三+四)×规费费率	
六	危险作业意外伤害保险	(一+二+三+四)×相应费率	
七	农民工工伤保险费	(一+二+三+四)×相应费率	
八	总承包服务费	分包项目工程造价×相应费率	
九	税金	(一+二+三+四+五+六+七+八)×税率	
十	建设工程造价	一+二+三+四+五+六+七+八+九	

2) 以人工费为计算基数的工程费用计算程序见表12-2。

表 12-2　以人工费为计算基数的工程费用计算程序

序号	工程名称	取费说明	金额
一	直接工程费	Σ(分部分项项目工程量×工料单价)	
	其中:1. 人工费		
	2. 机械费		
二	施工技术措施费	Σ(技术措施项目工程量×工料单价)	
	其中:3. 人工费		
	4. 机械费		
三	施工组织措施费	Σ[(1+2+3+4)×施工组织措施费率]	
四	综合费用	(1+2+3+4)×综合费用费率	
五	规费	(一+二+三+四)×规费费率	
六	危险作业意外伤害保险	(一+二+三+四)×规费费率	
七	农民工工伤保险费	(一+二+三+四)×规费费率	
八	总承包服务费	分包项目工程造价×规费费率	
九	税金	(一+二+三+四+五+六+七+八)×税率	
十	建设工程造价	一+二+三+四+五+六+七+八+九	

3. 编制方法

(1) 施工图预算的编制依据

1) 工程施工图和标准图集等设计资料。

2) 经过批准的施工组织设计和施工方案及技术措施等。

3) 市政工程消耗量定额和市政工程费用定额。

4) 预算手册。

5) 招标投标文件和工程承包合同或协议书。

(2) 施工图预算的组成内容

1) 封面。

2) 编制说明。

3) 工程费用计算程序表。

4) 工程预算书（分部分项、技术措施）。

5) 组织措施费计算表。

6) 主要材料价格表。

(3) 施工图预算的编制步骤

1) 收集和熟悉编制施工图预算的有关文件和资料，以做到对工程有一个初步的了解，有条件的还应到施工现场进行实地勘察，了解现场施工条件、施工场地环境、施工方法和施工技术组织状况。这些工程基本情况的掌握有助于后面工程准确、全面地列项，计算工程量和工程造价。

2) 计算工程量。

3) 计算直接工程费。

① 正确选套定额项目。

② 填列分项工程单价：通常按照定额顺序或施工顺序逐项填列分项工程单价。

③ 计算分项工程直接工程费：分项工程直接工程费主要包括人工费、材料费、机械费，具体按下式计算：

$$分项工程直接工程费=消耗量定额基价×分项工程量 \tag{12-4}$$

其中：

$$人工费=定额人工费单价×分项工程量 \tag{12-5}$$

$$材料费=定额材料费单价×分项工程量 \tag{12-6}$$

$$机械费=定额机械费单价×分项工程量 \tag{12-7}$$

④ 计算直接工程费：

直接工程费 = $\sum$分项工程直接工程费。

4）工料分析。工料分析表项目应与工程直接费表一致，以方便填写和校核，根据各分部分项工程的实物工程量和相应定额项目所列的工日、材料和机械的消耗量标准，计算各分部分项工程所需的人工、材料和机械需用数量。

5）计算工程总造价。根据相应的费率和计费基数，分别计算其他各项费用。

6）复核、填写封面及施工图预算编制说明。单位工程预算编制完成后，由有关人员对预算编制的主要内容和计算情况进行核对检查，以便及时发现差错、及时修改，从而提高预算的准确性。在复核中，应对项目填列、工程量计算式、套用的单价、采用的各项取费费率及计算结果进行全面复核。编制说明主要是向审核方交代编制的依据，可逐条分述。主要应写明预算所包括的工程内容范围、所依据的定额资料、材料价格依据等需重点说明的问题。

4. 预算定额套用方法

市政工程消耗量定额是编制施工图预算、确定工程造价的主要依据，为了正确使用消耗量定额，应认真阅读定额手册中的总说明、分部工程说明、分节说明、定额附注和附录，了解各分部分项工程名称、项目单位、工作内容等，正确理解和应用各分部分项工程的工程量计算规则。

音频 12-2：预算定额使用

在应用定额的过程中，通常会遇到以下几种情况：定额的直接套用、换算和补充。

（1）定额的直接套用　当施工图的设计要求与拟套用的定额分项工程规定的工作内容、技术特征、施工方法、材料规格等完全相符时，可直接套用定额。套用时应注意以下几点：

1）根据施工图、设计说明和做法说明，选择定额项目。

2）要从工程内容、技术特征和施工方法上仔细校对，才能较准确地确定相对应的定额项目。

3）分项工程的名称和计量单位应与预算定额一致。

（2）定额的换算　当施工图设计要求与拟套用的定额项目的工作内容、施工工艺、材料规格等不完全相符时，则不能直接套用定额，这时应根据定额规定进行计算。如果定额规定允许换算，则应按照定额规定的换算方法进行换算，如果定额规定不允许换算，则不能对该定额项目进行调整换算。

（3）预算定额的补充　当分项工程的设计要求与定额条件完全不相符或者由于设计采用新结构、新材料、新工艺，在预算定额中没有这类项目，属于定额缺项时，可编制补充预算定额。

12.2　市政工程量清单计价

12.2.1　工程量清单计价的编制程序

1. 根据招标人提供的工程量清单复核工程量

投标人依据工程量清单进行组价时，把施工方案及施工工艺造成的工程量增减以价格的形式包含在综合单价中，选择施工方法、安排人力和机械、准备材料必须考虑工程量的多少，因此一定要复核工程量。

音频 12-3：工程量清单计价的编制主要程序

2. 确定分部分项工程费

分部分项工程费的确定是通过分部分项工程量乘以清单项目综合单价确定的。综合单价确定的主要依据是项目特征，投标人要根据招标文件中工程量清单的项目特征描述确定清单项目综合单价。

实行工程量清单招标，招标人在招标文件中提供工程量清单，其目的是使各投标人在投标报价中具有共同的竞争平台。因此，投标人在投标报价中填写的工程量清单的项目编码、项目名称、项目特征、计量单位、工程数量必须与招标人招标文件中提供的一致。为避免出现差错，投标人最好按招标人提供的分部分项工程量清单与计价表直接填写综合单价。

投标人投标报价时应依据招标文件中分部分项工程量清单项目的特征描述来确定综合单价，当出现招标文件中分部分项工程量清单特征描述与设计图不符时，投标人应以分部分项工程量清单的项目特征描述为准。招标文件中要求投标人承担的风险费用，投标人应考虑进入综合单价。招标文件中提供了暂估单价的材料，按暂估的单价计入综合单价，填入表内“暂估单价”栏及“暂估合价”栏。

分部分项工程费应按招标文件中分部分项工程量清单项目的特征描述，确定综合单价进行计算。

3. 确定措施项目费

由于各投标人拥有的施工装备、技术水平和采用的施工方法有所差异，招标人提出的措施项目清单是根据一般情况确定的，没有考虑不同投标人的“个性”，投标人投标时应根据自身编制的施工组织设计（或施工方案）确定措施项目，并对招标人提供的措施项目进行调整。措施项目费应根据招标文件中的措施项目清单及投标时拟定的施工组织设计或施工方案自主确定。投标人根据投标施工组织设计（或施工方案）调整和确定的措施项目应通过评标委员会的评审。

4. 确定其他项目费

其他项目费应按下列规定报价：

1）暂列金额应按照其他项目清单中列出的金额填写，不得变动。

2）暂估价不得变动和更改。暂估价中的材料必须按照暂估单价计入综合单价；专业工程暂估价必须按照其他项目清单中列出的金额填写。

3）计日工应按照其他项目清单列出的项目和估算的数量，自主确定各项综合单价并计算费用。

4）总承包服务费应依据招标人在招标文件中列出的分包专业工程内容和供应材料、设备情况，按照招标人提出的协调、配合与服务要求和施工现场管理需要自主确定。

5. 确定规费和税金

规费和税金的计取标准是依据有关法律、法规和政策规定制定的，具有强制性。投标人是法律、法规和政策的执行者，不能改变，更不能制定，而必须按照法律、法规、政策的有关规定执行。因此，投标人在投标报价时必须按照国家或省级、行业建设主管部门的有关规定计算规费和税金。

6. 确定分包工程费

分包工程费是投标价格的重要组成部分，在编制投标报价时，需熟悉分包工程的范围，确定分包工程费用。

7. 确定投标报价

分部分项工程费、措施项目费、其他项目费和规费、税金汇总后就可以得到工程的总价，但并不意味着这个价格就可以作为投标报价，需要结合市场情况、企业的投标策略对总价做调整，最后确定投标报价。

8. 投标报价的主要表格格式

1）投标总价封面，由投标人按规定的内容填写、签字、盖章。

2）投标总价扉页，由投标人按规定的内容填写、签字、盖章。

3）投标报价总说明。

4）建设项目投标报价汇总表。

5）单项工程投标标价汇总表。

6）综合单价分析表。

7）暂列金额明细表。

8）总承包服务费计价表。

9）规费、税金项目计价表。

12.2.2 工程量清单的编制

工程量清单的编制专业性强，内容复杂，对编制人的业务技术水平要求高。能否编制出完整、严谨的工程量清单，直接影响招标的质量，也是招标成败的关键。

1. 工程量清单格式及清单编制的规定

工程量清单应由分部分项工程量清单、措施项目清单、其他项目清单、规费项目清单、税金项目清单组成。

1）工程量清单是招标人要求投标人完成的工程项目及相应工程数量，全面反映了投标报价要求，是投标人进行报价的依据，工程量清单应是招标文件不可分割的一部分，必须由具有编制招标文件能力的招标人或受其委托具有相应资质的中介机构编制。

2）工程量清单反映拟建工程的全部工程内容，由分部分项工程量清单、措施项目清单、其他项目清单组成。

3）编制分部分项工程量清单时，项目编码、项目名称、项目特征、计量单位和工程量计算规则等严格按照国家制定的计价规范中的附录做到统一，不能任意修改和变更。其中项目编码的第10~12位可由招标人自行设置。

4）措施项目清单及其他项目清单应根据拟建工程具体情况确定。

2. 工程量清单编制依据和编制程序

（1）工程量清单编制依据　工程量清单的内容体现了招标人要求投标人完成的工程项目、工程内容及相应的工程数量。编制工程量清单应依据：

1）建设工程工程量清单计价规范。

2）国家或省级、行业建设主管部门颁发的计价依据和办法。

3）建设工程设计文件。

4）与建设工程项目有关的标准、规范、技术资料。

5）招标文件及其补充通知、答疑纪要。

6）施工现场情况、工程特点及常规施工方案。

7）其他相关资料。

（2）工程量清单编制程序　工程量清单编制的程序如下：

1）熟悉图样和招标文件。

2）了解施工现场的有关情况。

3）划分项目、确定分部分项清单项目名称、编码（主体项目）。

4）确定分部分项清单项目的项目特征。

5）计算分部分项清单主体项目工程量。

6）编制清单（分部分项工程量清单、措施项目清单、其他项目清单）。

7）复核、编写总说明。

8）装订。

3. 分部分项工程量清单的编制

（1）工程量清单编码　工程量清单的编码，主要是指分部分项工程量清单的编码。

分部分项工程量清单项目编码按五级编码设置，用 12 位阿拉伯数字表示，1~9 位应按《建设工程工程量清单计价规范》附录 A、B、C、D、E 的规定设置；10~12 位应根据拟建工程的工程量清单项目名称由其编制人设置，并应自 001 起顺序编制。一个项目的编码由以下五级组成：

1）第一级编码：分两位，为分类码；建筑工程为 01、装饰装修工程为 02、安装工程为 03、市政工程为 04、园林绿化工程为 05。

2）第二级编码：分两位，为章顺序码。

3）第三级编码：分两位，为节顺序码。

4）第四级编码：分三位，为清单项目码。

上述四级编码即前九位编码，是《建设工程工程量清单计价规范》附录中根据工程分项在附录 A、B、C、D、E 中分别已明确规定的编码，供清单编制时查询，不能作任何调整与变动。

5）第五级编码：分三位，为具体清单项目码，由 001 开始按顺序编制，是分项工程量清单项目名称的顺序码，是招标人根据工程量清单编制的需要自行设置的。

以 040203004001 为例，各级项目编码划分、含义如图 12-2 所示。

（2）项目名称　分部分项工程量清单的项目名称应按附录的项目名称结合拟建工程的实际确定。

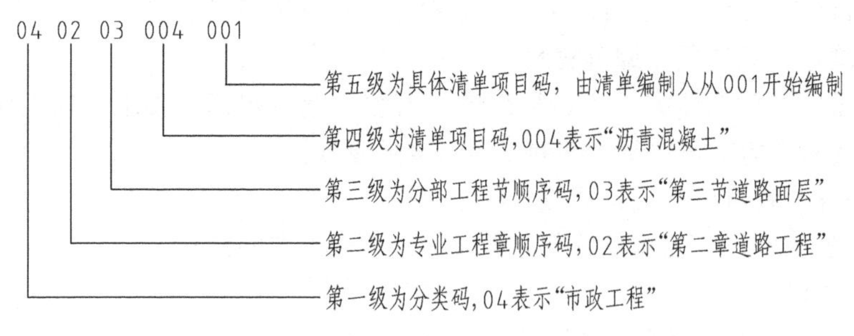

图 12-2 各级项目编码划分及含义

项目名称应以工程实体命名。这里所指的工程实体，有些是可用适当的计量单位计算的简单完整的施工过程的分部分项工程，有些是分部分项工程的组合。

（3）项目特征描述 工程量清单的项目特征是确定一个清单项目综合单价不可缺少的重要依据，在编制工程量清单时，必须对项目特征进行准确和全面的描述。但有些项目特征很难用文字进行描述，在描述工程量清单项目特征时，可按以下原则进行：

1）项目特征描述的内容应按《建设工程工程量清单计价规范》附录中的规定，结合工程的实际，能满足确定综合单价的需要。

2）若采用标准图集或施工图样能够全部或部分满足项目特征描述的要求，项目特征描述可直接采用"详见××图集或××图号"的方式。对不满足项目特征描述要求的部分，仍应用文字描述。

在进行项目特征描述时，可掌握以下要点：

1）必须描述的内容：涉及正确计量的内容，涉及结构要求的内容，涉及材质要求的内容，涉及安装方式的内容。

2）可不描述的内容：对计量计价没有实质影响的内容，应由投标人根据施工方案确定的内容；应由投标人根据当地材料和施工要求确定的内容；应由施工措施解决的内容。

3）可不详细描述的内容：无法准确描述的内容，如土壤类别注明由投标人根据地勘资料自行确定土壤类别，决定报价；施工图样、标准图集标注明确的内容，对这些项目可描述为"见××图集××页号及节点大样"等。还有一些项目可不详细描述，如土方工程中的"取土运距""弃土运距"等，但应注明由投标人自定。

（4）计量单位 分部分项工程量清单的计量单位应按附录中规定的计量单位确定。工程数量应遵守下列规定：

1）以"t""km"为单位，应保留小数点后3位数字，第四位四舍五入。

2）以"m^3""m^2""m"为单位，应保留小数点后两位数字，第三位四舍五入。

3）以"个""项""付""套"等为单位，应取整数。

当计量单位有两个或两个以上时，应根据所编工程量清单项目的特征要求，选择最适宜表现该项目特征并方便计量的单位。如门窗工程的计量单位为"樘"和"m^2"两个计量单位，实际工作中，应选择最适宜、最方便计量的单位来表示。

（5）工程数量 分部分项工程量清单中所列工程量应按附录中规定的工程量计算规则计算。工程数量的计算主要通过工程量计算规则计算得到。工程量计算规则是指对清单项目工程量的计算规定。除另有说明外，所有清单项目的工程量应以实体工程量为准，并以完成后的净值计算；投标人投标报价时，应在单价中考虑施工中的各种损耗和需要增加的工程量。

工程数量应按《建设工程工程量清单计价规范》附录规定的“工程量计算规则”进行计算。除另有说明外，所有清单项目的工程量以实体工程量为准，并以完成后的净值计算；投标人投标报价时，应在单价中考虑施工中的各种损耗和需要增加的工程量。

工程数量有效位数规定如下：

1）以“t”为单位，应保留小数点后三位数字，第四位四舍五入。

2）以“m”“m^2”“m^3”为单位，应保留小数点后两位数字，第三位四舍五入。

3）以“个”“项”等为单位，应取整数。

（6）补充项目　随着科学技术日新月异的发展，工程建设中新材料、新技术、新工艺不断涌现，本规范附录所列的工程量清单项目不可能包罗万象，更不可能包含随科技发展而出现的新项目。在实际编制工程量清单时，当出现本规范附录中未包括的清单项目时，编制人应作补充。

补充项目的编码由附录的顺序码与 B 和 3 位阿拉伯数字组成，并应从×B001 起顺序编制，同一招标工程的项目不得重码。工程量清单中需附有补充项目的名称、项目特征、计量单位、工程量计算规则、工程内容。

编制补充项目时应注意以下 3 个方面：

1）补充项目的编码必须按本规范的规定进行。即由附录的顺序码（A、B、C、D、E、F）与 B 和 3 位阿拉伯数字组成。

2）在工程量清单中应附补充项目的项目名称、项目特征、计量单位、工程量计算规则和工作内容。

3）将编制的补充项目报省级或行业工程造价管理机构备案。

4. 措施项目清单的编制

措施项目是指为完成工程项目施工，发生于该工程施工准备和施工过程中的技术、生活、安全、环境保护等方面的非工程实体项目。措施项目清单应根据拟建工程的实际情况列项。

（1）措施项目清单的设置　首先，要参考拟建工程的施工组织设计，以确定安全文明施工（含环境保护、文明施工、安全施工、临时设施）、二次搬运等项目；其次，参阅施工技术方案，以确定夜间施工、大型机械进出场及安拆、混凝土模板与支架、施工排水、施工降水、地上和地下设施及建筑物的临时保护设施等项目。另外，参阅相关的施工规范与验收规范，可以确定施工技术方案没有表述的，但为了实现施工规范与验收规范要求而必须发生的技术措施。此外，还包括招标文件中提出的某些必须通过一定的技术措施才能实现的要求，设计文件中一些不足以写进技术方案，但要通过一定的技术措施才能实现的内容。通用措施项目一栏“通用措施项目”是指各专业工程的“措施项目清单”中均可列的措施项目，可按表 12-3 选择列项。市政工程专业措施项目见表 12-4。

表 12-3　通用措施项目

序号	项目名称
1	安全文明施工(含环境保护、文明施工、安全施工、临时设施)
2	夜间施工
3	二次搬运

（续）

序号	项目名称
4	冬雨季施工
5	大型机械设备进出场及安拆
6	施工排水
7	施工降水
8	地上、地下设施，建筑物的临时保护设施
9	已完工程及设备保护

表 12-4　专业措施项目

序号	项目名称
1	围堰
2	筑岛
3	便道
4	便桥
5	脚手架
6	洞内施工的通风、供水、供气、供电、照明及通信设施
7	地下管线交叉处理
8	行车、行人干扰增加
9	轨道交通工程路桥、市政基础设施施工、监测、监控、保护

措施项目清单应根据拟建工程的具体情况，参照措施项目表列项，若出现措施项目表未列项目，编制人可作补充。

要编制好措施项目清单，编制者必须具有相关的施工管理、施工技术、施工工艺和施工方法等的知识及实践经验，掌握有关政策、法规和相关规章制度。例如对环境保护、文明施工、安全施工等方面的规定和要求，为了改善和美化施工环境、组织文明施工，就会发生措施项目及其费用开支，否则就会发生漏项的问题。

编制措施项目清单应注意以下几点：

1）既要对规范有深刻的理解，又要有比较丰富的知识和经验，要真正弄懂工程量清单计价方法的内涵，熟悉和掌握《计价规范》对措施项目的划分规定和要求，掌握其本质和规律，注重系统思维。

2）编制措施项目清单应与分部分项工程量清单综合考虑，与分部分项工程紧密相关的措施项目编制时可同步进行。

3）编制措施项目应与拟定或编制重点难点分部分项施工方案相结合，以保证措施项目划分和描述的可行性。

4）对表中未能包括的措施项目，还应给予补充，对补充项目应更加注意描述清楚、准确。

（2）措施项目清单的编制依据

1）拟建工程的施工组织设计。

2）拟建工程的施工技术方案。

3）与拟建工程相关的施工规范与工程验收规范。

4）招标文件。

5）设计文件。

5. 其他项目清单的编制

其他项目清单是指分部分项清单项目和措施项目以外，该工程项目施工中可能发生的其他费用项目和相应数量的清单。其他项目清单宜按照暂列金额、暂估价（包括材料暂估价、专业工程暂估价）、计日工、总承包服务费 4 项内容来列项。由于工程建设标准的高低、工程的复杂程度、工程的工期长短、工程的组成内容、发包人对工程管理要求等都直接影响其他项目清单的具体内容，以上内容作为列项参考，其不足部分，编制人可根据工程的具体情况进行补充。

6. 规费项目清单的编制

规费是指根据省级政府或省级有关权力部门规定必须缴纳的，应计入建筑安装工程造价的费用。规费项目清单应按照社会保障费（包括养老保险费、失业保险费、医疗保险费）、住房公积金等内容列项。若出现上述未列的项目，应根据省级政府或省级有关权力部门的规定列项。

规费作为政府和有关权力部门规定必须缴纳的费用，政府和有关权力部门可根据形势发展的需要，对规费项目进行调整。因此，对《建筑安装工程费用项目组成》未包括的规费项目，在计算规费时应根据省级政府和省级有关权力部门的规定进行补充。

7. 税金项目清单的编制

税金是指国家税法规定的应计入建筑安装工程造价内的增值税。

规费和税金应按国家或省级、行业建设主管部门的规定计算，不得作为竞争性费用。

第13章 市政工程综合案例

13.1 隧道工程案例

某市隧道工程采用 C30 混凝土，石粒最大粒径为 15mm，沉井立面图及平面图如图 13-1、图 13-2 所示，沉井下沉深度为 15m，沉井封底及底板混凝土强度等级为 C25，石料最大粒径为 10mm，沉井填心采用碎石（20mm）及块石（200mm）。不排水下沉，求其工程量。

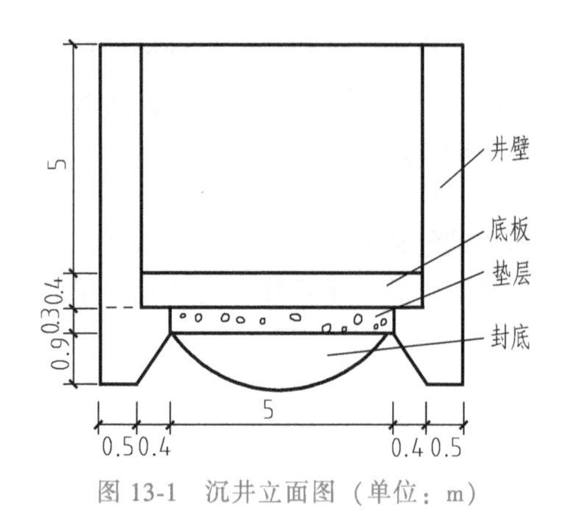

图 13-1 沉井立面图（单位：m）

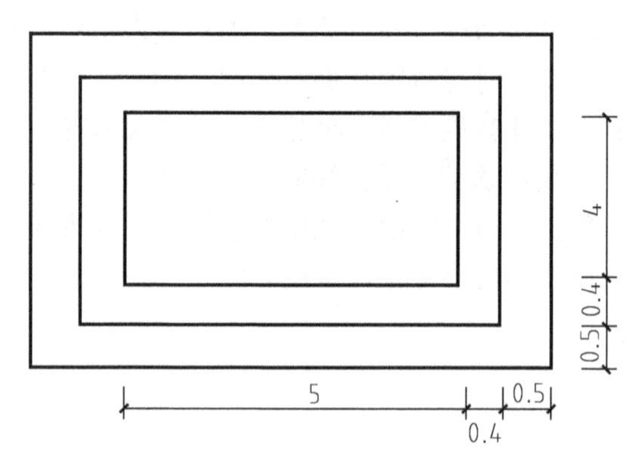

图 13-2 沉井平面图（单位：m）

13.1.1 沉井井壁混凝土

1. 清单工程量

项目编码：040405001　　项目名称：沉井井壁混凝土

工程量计算规则：按设计尺寸以外围井筒混凝土体积计算。

沉井井壁混凝土工程量

$$V = 5.4\times(4+0.4\times2+0.5\times2)\times(5+0.5\times2+0.4\times2)+0.3\times0.9\times2\times(0.8+5+0.5\times2+4)-(4+0.4\times2)\times(5+0.4\times2)\times5.4$$

$$=5.4\times5.8\times6.8+0.54\times10.8-4.8\times5.8\times5.4$$

$$=212.976+5.832-150.336$$

$$=68.47(m^3)$$

式中：5.4 为沉井井壁的高度，4+0.4×2+0.5×2 为沉井井壁的宽度，5+0.5×2+0.4×2 为沉井井壁的长度，0.3×0.9×2×(0.8+5+0.5×2+4) 为下部沉井井壁的体积，(4+0.4×2)×(5+0.4×2)×5.4 为垫层及垫层上部中空的体积。

2. 定额工程量

定额工程量同清单工程量=68.47（m^3）。

13.1.2 沉井下沉

1. 清单工程量

项目编码：040405002　　项目名称：沉井下沉

工程量计算规则：按设计图示井壁外围面积乘以下沉深度以体积计算。

沉井下沉工程量 $V=(5.8+6.8)\times2\times(5+0.4+0.3+0.9)\times15$

$=12.6\times2+6.6\times15$

$=124.2(m^3)$

式中：5.8为沉井井壁的宽度，6.8为沉井井壁的长度，（5.8+6.8）×2为沉井井壁周长，5+0.4+0.3+0.9为沉井的总高度，15为下沉深度。

2. 定额工程量

定额工程量同清单工程量=124.2（m^3）。

13.1.3 沉井混凝土封底

1. 清单工程量

项目编码：040405003　　项目名称：沉井混凝土封底

工程量计算规则：按设计图示尺寸以体积计算。

沉井下沉工程量 $V=0.9\times5\times4$

$=18\ (m^3)$

式中：0.9为沉井混凝土封底的高度，5为沉井混凝土封底的长度，4为沉井混凝土封底的宽度。

2. 定额工程量

定额工程量同清单工程量=18（m^3）。

13.1.4 沉井混凝土底板

1. 清单工程量

项目编码：040405004　　项目名称：沉井混凝土底板

工程量计算规则：按设计图示尺寸以体积计算。

沉井下沉工程量 $V=0.4\times5.8\times(4+0.4\times2)$

$=0.4\times5.8\times4.8$

$=11.14(m^3)$

式中：0.4为沉井混凝土底板的高度，5.8为沉井混凝土底板的长度，4+0.4×2为沉井混凝土底板的宽度。

2. 定额工程量

定额工程量同清单工程量=11.14（m^3）。

13.1.5 沉井填心

1. 清单工程量

项目编码：040405005　　项目名称：沉井填心

工程量计算规则：按设计图示尺寸以体积计算。

沉井下沉工程量 $V=5\times(5+0.4\times2)\times(4+0.4\times2)$

$=5\times5.8\times4.8$

$=139.2(\mathrm{m}^3)$

式中：5 为沉井填心的高度，5+0.4×2 为沉井填心的长度，4+0.4×2 为沉井填心的宽度。

2. 定额工程量

定额工程量同清单工程量 = 139.2（m^3）。

13.2 道路工程案例

某 200m 长的道路工程，道路平面示意图如图 13-3 所示（图中单位为 m），路口转角半径 $R=10$m，分隔带半径 $r=2$m，道路结构示意图如图 13-4 所示（图中单位为 cm），求侧石长度、水泥混凝土路面面积。

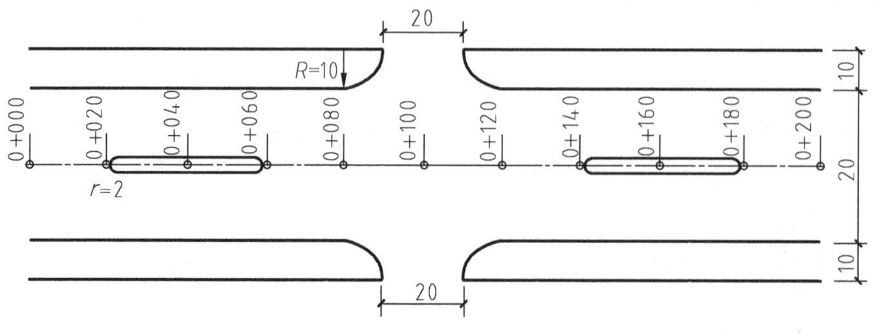

图 13-3　道路平面示意图

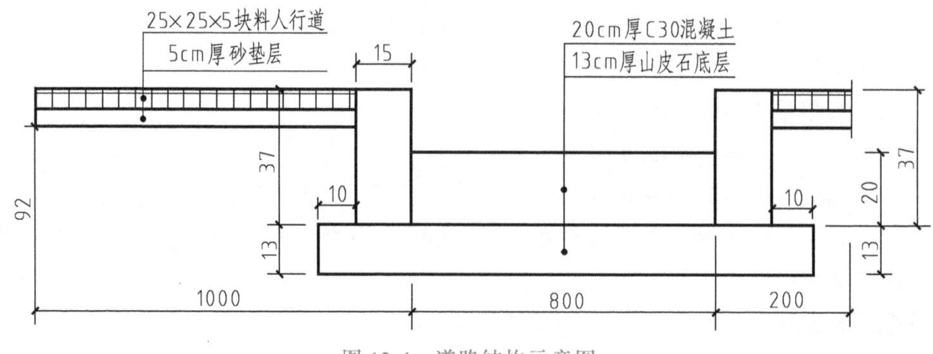

图 13-4　道路结构示意图

13.2.1　侧石长度

1. 清单工程量

项目编码：040204004　　项目名称：安砌侧（平、缘）石

工程量计算规则：按设计图示中心线长度计算。

侧石工程量 $L=(200-20-10\times2)\times2+3.14\times10\times2+(40-4)\times4+3.14\times2\times2$

$=160\times2+62.8+36\times4+12.56$

$=539.36(\text{m})$

式中：200为道路长度，20为路口长度，10×2为道路一边扇形路口转角的长度，3.14×10×2为道路两边4个扇形路口转角的长度，40−4为分隔带长度，4为分隔带数量，3.14×2×2为半圆形分隔带周长。

2. 定额工程量

定额工程量同清单工程量＝539.36（m）。

13.2.2　水泥混凝土路面面积

1. 清单工程量

项目编码：040203007　　项目名称：水泥混凝土

工程量计算规则：按设计图示尺寸以面积计算，不扣除各种井所占面积，带平石的面层应扣除平石所占面积。

水泥混凝土路面工程量 $S=200\times20-(36\times4+3.14\times2^2)\times2+20\times10\times2+(10^2\times4-3.14\times10^2)$

$=4000-(144+12.56)\times2+400+(400-314)$

$=4172.9(\text{m}^2)$

式中：200×20为主道路的水泥混凝土路面面积，$36\times4+3.14\times2^2$为单个隔离带的面积，2为隔离带的数量，20×10为道路路口部分矩形的水泥混凝土路面面积，2为道路路口部分矩形的数量，$10^2\times4$为路口转角部分及水泥混凝土路面的面积，3.14×10^2为路口转角部分的面积。

2. 定额工程量

定额工程量同清单工程量＝4172.9（m^2）。

13.3　水处理工程案例

某新建污水工程，长200m，设计采用直径为1000mm的钢筋混凝土平口管（钢丝网水泥砂浆接口），C15混凝土基础，省标丙型检查井（混凝土流槽式，假设为240°流槽）。工程断面图、纵断面图、俯视图、管基断面图、检查井图（假设$A=1.6\text{m}$）如图13-5～图13-9所示。

已知：工程现状为农田，土质为三类干土；为减少土方工作量采用支撑直槽开挖，机械施工，所挖土方推土机于沟槽20m外堆放，回填时再用推土机推回，余方就地弃置；设计要求沟槽土方回填密实度为93%（重型击实），工程施工后按原地形恢复；每节钢筋混凝土

管道长度为 2m；检查井钢筋混凝土盖板采用成品构件；每座检查井体积暂定为 10m^3。起点和终点为已建检查井。

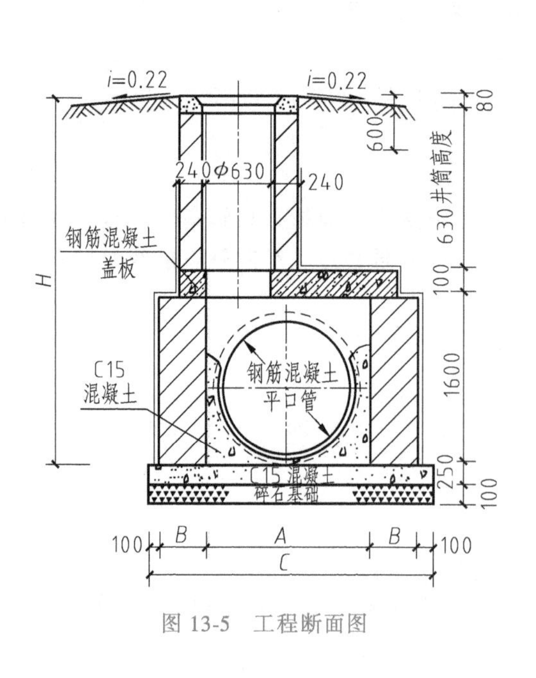

图 13-5　工程断面图

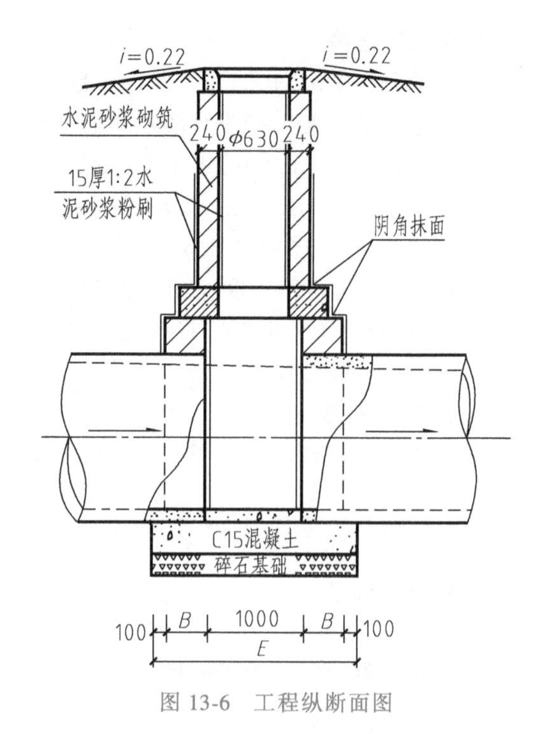

图 13-6　工程纵断面图

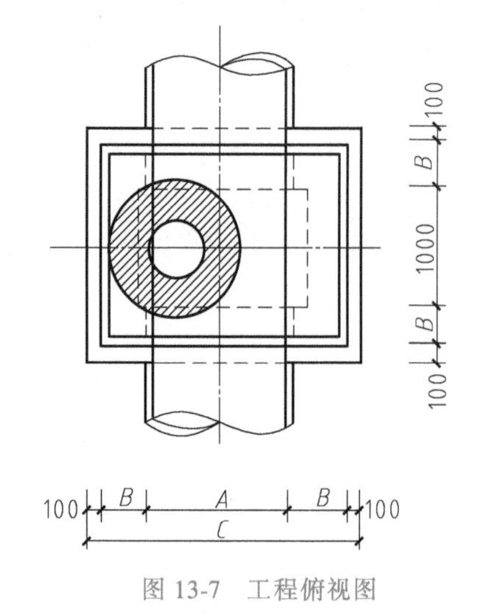

图 13-7　工程俯视图

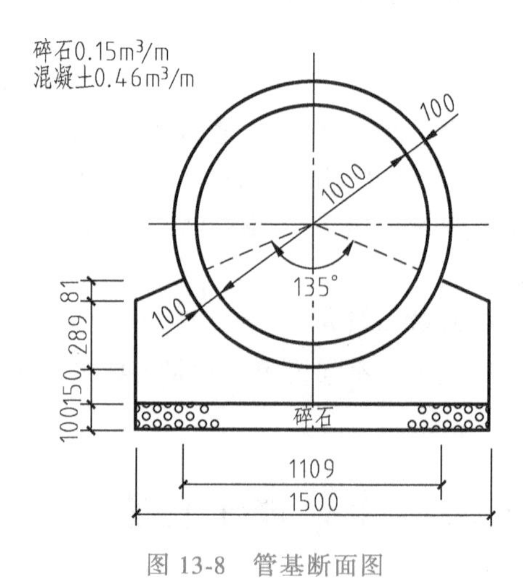

图 13-8　管基断面图

由题干及图样可得：起点高度为 4. 12−1. 582 = 2. 538 （m）。

各节点处高度：W1 处为 4. 05−1. 617 = 2. 433，此处井深为 2. 533 （m）。

W2 处为 4. 053−1. 667 = 2. 386，此处井深为 2. 486 （m）。

W3 处为 4. 272−1. 707 = 2. 565，此处井深为 2. 665 （m）。

W4 处为 4. 587−1. 742 = 2. 845，此处井深为 2. 945 （m）。

终点处为 4. 9−1. 782 = 3. 118 （m）。

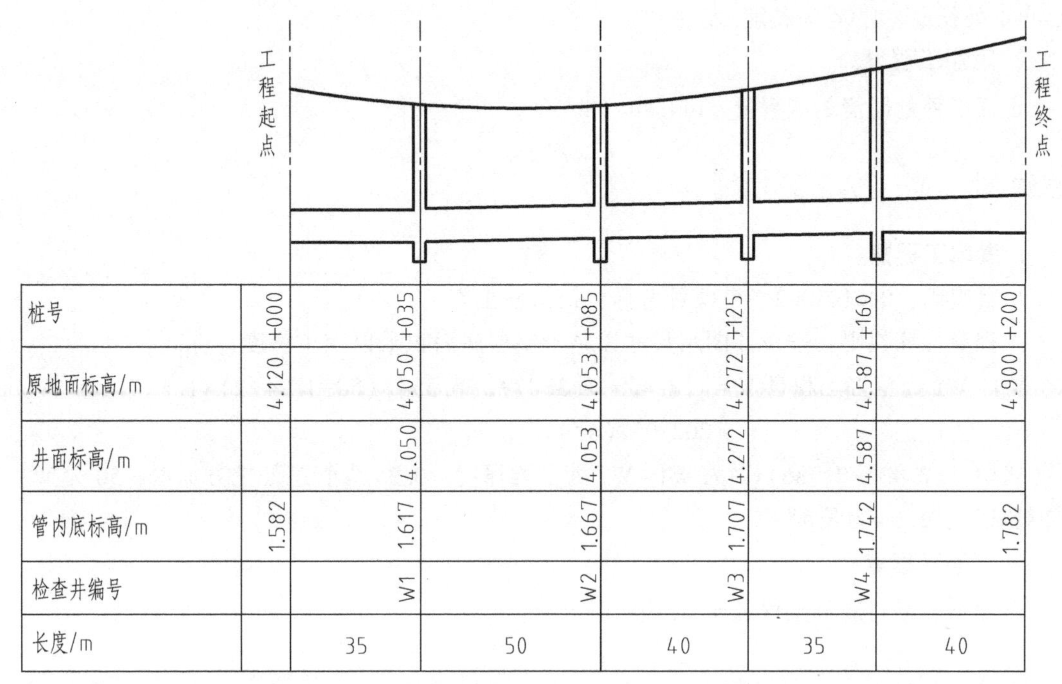

桩号	+000	+035	+085	+125	+160	+200
原地面标高/m	4.120	4.050	4.053	4.272	4.587	4.900
井面标高/m		4.050	4.053	4.272	4.587	
管内底标高/m	1.582	1.617	1.667	1.707	1.742	1.782
检查井编号		W1	W2	W3	W4	
长度/m		35	50	40	35	40

图 13-9　检查井图

上述井位处平均高度为 2. 557m，井位处挖方加深为 0. 1+0. 25+0. 15 = 0. 5（m），管道处挖方加深为 0. 1 + 0. 15 + 0. 1 = 0. 35（m），井位平均深度为 2. 657m，所以 C = 2. 54m，E = 1. 94m。

13. 3. 1　井位处挖方

1. 清单工程量

项目编码：040101002　　项目名称：挖沟槽土方

工程量计算规则：按设计图示尺寸以基础垫层底面积乘以挖土深度计算。

井位处挖方工程量 V = 2. 54×1. 94×(2. 557+0. 1+0. 25+0. 15)×4

= 60. 25（m^3）。

式中：2. 557 为井位处平均深度，0. 1+0. 25+0. 15 为井位处挖方加深。

2. 定额工程量

定额工程量同清单工程量 = 60. 25（m^3）。

13. 3. 2　起点～W1 处挖方

1. 清单工程量

项目编码：040101002　　项目名称：挖沟槽土方

工程量计算规则：按设计图示尺寸以基础垫层底面积乘以挖土深度计算。

起点～W1 处挖方工程量 V = [(2. 538+2. 433)÷2+0. 35]×(35−1. 94÷2)×1. 5

= 144. 74（m^3）。

式中：(2. 538+2. 433)÷2 为起点～W1 处平均深度，0. 35 为管道处挖方加深，35 为起点～W1处长度，1.94为长度E。

2. 定额工程量

定额工程量同清单工程量=144.74（m^3）。

13.3.3 W1～W2处挖方

1. 清单工程量

项目编码：040101002　　项目名称：挖沟槽土方

工程量计算规则：按设计图示尺寸以基础垫层底面积乘以挖土深度计算。

W1～W2处挖方工程量$V=[(2.433+2.386)\div2+0.35]\times(50-1.94\div2)\times1.5$

$=202.95$（m^3）。

式中：(2.433+2.386)÷2为W1～W2处平均深度，0.35为管道处挖方加深，50为W1～W2处长度，1.94为长度E。

2. 定额工程量

定额工程量同清单工程量=202.95（m^3）。

13.3.4 W2～W3处挖方

1. 清单工程量

项目编码：040101002　　项目名称：挖沟槽土方

工程量计算规则：按设计图示尺寸以基础垫层底面积乘以挖土深度计算。

W2～W3处挖方工程量$V=[(2.386+2.565)\div2+0.35]\times(40-1.94\div2)\times1.5$

$=165.42$（m^3）。

式中：(2.386+2.565)÷2为W2～W3处平均深度，0.35为管道处挖方加深，40为W2～W3处长度，1.94为长度E。

2. 定额工程量

定额工程量同清单工程量=165.42（m^3）。

13.3.5 W3～W4处挖方

1. 清单工程量

项目编码：040101002　　项目名称：挖沟槽土方

工程量计算规则：按设计图示尺寸以基础垫层底面积乘以挖土深度计算。

W3～W4处挖方工程量$V=[(2.565+2.845)\div2+0.35]\times(35-1.94\div2)\times1.5$

$=155.95$（m^3）。

式中：(2.565+2.845)÷2为W3～W4处平均深度，0.35为管道处挖方加深，35为W3～W4处长度，1.94为长度E。

2. 定额工程量

定额工程量同清单工程量=155.95（m^3）。

13.3.6 W4～终点处挖方

1. 清单工程量

项目编码：040101002　　项目名称：挖沟槽土方

工程量计算规则：按设计图示尺寸以基础垫层底面积乘以挖土深度计算。

W4～终点处挖方工程量 $V=[(2.845+3.118)\div2+0.35]\times(40-1.94\div2)\times1.5$

$=195.04$（m^3）。

式中：$(2.845+3.118)\div2$ 为 W4～终点处平均深度，0.35 为管道处挖方加深，40 为 W4～终点处长度，1.94 为长度 E。

2. 定额工程量

定额工程量同清单工程量 $=195.04$（m^3）。

13.3.7 回填方

1. 清单工程量

项目编码：040103001　　项目名称：回填方

工程量计算规则：①按挖方清单项目工程量加原地面线至设计要求标高间的体积，减基础、构筑物等埋入体积计算；②按设计图示尺寸以体积计算。

回填方工程量 $V=(60.25+144.74+202.95+165.42+155.95+195.04)-(3.14\div4\times1.2\times1.2$

$+0.15+0.467)\times(200-1\times4)+4\times10$

$=621.86$（m^3）

式中：$60.25+144.74+202.95+165.42+155.95+195.04$ 为总挖沟槽土方量，$(3.14\div4\times1.2\times1.2+0.15+0.467)\times(200-1\times4)+4\times10$ 为构筑物体积。

2. 定额工程量

定额工程量同清单工程量 $=621.86$（m^3）。

13.3.8 D1000 钢筋混凝土管道

1. 清单工程量

项目编码：040501001　　项目名称：混凝土管

工程量计算规则：按设计图示中心线长度以延长米计算。不扣除附属构筑物、管件及阀门等所占长度。

D1000 钢筋混凝土管道工程量 $L=200$（m）。

式中：200 为设计图示中心线长度。

2. 定额工程量

定额工程量同清单工程量 $=200$（m）。

13.3.9 砖砌检查井

1. 清单工程量

项目编码：040504001　　项目名称：砌筑井

工程量计算规则：按设计图示数量计算。

砖砌检查井工程量 $n=4$（座）。

式中：4 为设计图示数量。

2. 定额工程量

定额工程量同清单工程量 $n=4$（座）。

第14章 市政工程造价软件应用

14.1 广联达工程造价算量软件

14.1.1 广联达工程造价算量软件概述

1. 概述

音频 14-1：常用工程造价软件

工程造价软件主要包括工程量计算软件、钢筋计算软件、工程计价软件、评标软件等，主要用户是建设方、施工方、设计方、中介咨询机构及政府部门。常见的造价软件有广联达、鲁班、神机妙算件、PKPM（中国建筑科学研究院）、清华斯维尔。

广联达软件不仅使用简便，而且加快了概预算的编制速度，极大地提高了工作效率。目前市场推出的工程造价方面的软件包括广联达图形算量软件和广联达清单计价软件。算量软件主要有计价软件（GCCP6.0）、市政计量平台 GMA、土建计量平台 GTJ 等，目前均比较成熟，普及率很高，普遍运用于各大设计院、造价事务所等(图 14-1)。

图 14-1 广联达软件示意图

广联达计价软件 GCCP 是广联达建设工程造价管理整体解决方案中的核心产品，主要通过招标管理、投标管理、清单计价三大模块来实现电子招标投标过程的计价业务。支持清单计价和定额计价两种模式，产品覆盖全国各省市、采用统一管理平台，追求造价专业分析精细化，实现批量处理工作模式，帮助工程造价人员在招标投标阶段快速、准确完成招标控制价和投标报价工作。

除此之外广联达 GTJ2021 是一款土建专业算量软件，在此之前是由算量软件（GCL）和钢筋软件（GGJ）两部分组成，需要用之前这两款软件分别建模，最后合并得到工程量。现在 GTJ2021 将算量软件（GCL）和钢筋软件（GGJ）组合在一起，功能合并，布局合理，帮助预算人员在算量过程中事半功倍。

2. 类别

广联达软件主要由工程量清单计价软件（GBQ）、图形算量软件（GTJ）、钢筋抽样软件（GGJ）、安装算量软件（GQI）、精装算量软件（Deco Cost）、市政算量软件（GMA）等组成，进行套价、工程量计算、钢筋用量计算、钢筋现场管控、安装工程量计算、材料的管理、装修的工程量价处理、桥梁及道路等的工程量计算等。软件内置了规范和图集，自动实行扣减，还可以根据各公司和个人需要，对其进行设置修改，选择需要的格式报表等。安装好广联达工程算量和造价系列软件后，装上相对应的加密锁，双击计算机屏幕上的图标，就启动软件了。

3. 广联达软件的优点

（1）多种计价模式共存　清单与定额两种计价方式共存同一软件中，实现清单计价与定额计价的完美过渡与组合；提供“清单计价转定额计价”功能，可以在两种计价方式中自由转换，评估整体造价。

（2）多方位数据接口　在“导入导出招标投标文件”中提供了各类招标投标文件的导入导出功能；随着计算应用的普及，各类电子标书越来越多，“导入工程量清单”功能可以直接从EXCEL和ACCESS中直接将清单内容导入；能够导入广联达图形算量软件工程文件数据，实现图形算量结果与计价的连接；通过企业定额可以创建反映企业实际业务水平、具备市场竞争实力的企业定额数据，并通过与GCCP6.0的数据安装集成应用，实现在GCCP6.0中由体现竞争的企业定额数据直接计价的工作过程。

（3）强大的数据计算　GCCP6.0能够快速计算，提高造价人员计算能力，例如，可使用建筑工程超高降效计算，通过对建筑工程檐高或层高范围的数据设定，自动计算出超高降效费用项目。同时满足不同计算要求，可使用自定义单价取费计算的方式，对清单综合单价的计算取定过程施加控制，并适当选择合适的取费方式，从而使综合单价取费计算过程满足招标技术要求。

（4）灵活的报表设计功能　设计界面采用OFFICE表格设计风格，完善报表样式；报表名称列使用树状结构分类显示，查找更加方便；报表可以导出到Excel，设计更加自由。

（5）工程造价调整　工程造价调整分为调价和调量两部分。可以在最短的时间里实现工程总价的调整和分摊；工程量调整可针对预算书不同分部操作；“主材设备不参与调整”“人工机械不调整单价”“甲供材料不参与调整”多个选项并存。各选项自由组合，实现量价调整的灵活快速；提供调整后预览功能，使调整过程更加清晰明了。

4. 手工算量与软件算量对比

手工算量是最基本、最原始的工程量计算方法，造价人员需要熟悉定额和图集以及掌握相应定额和清单的工程量计算规则，合理地安排计算顺序，避免计算中的混乱和重复。

手工计算虽然计算的过程比较繁琐，但只要造价人员针对需要计算的部位，严格地依照计算公式的要求来进行计算，都可以算出来，特别是一些软件中不方便绘制的地方，因此现实工程中手工算量在二次精装修、安装工程及市政工程等工程中的造价计算运用十分广泛。

软件算量融合了自动化技术以及计算机技术，是市政工程工程量计量的未来发展趋势。虽然手工算量在一些复杂节点的计量上还有着一定的应用优势，但随着广联达软件算量逐渐发展和应用，手工算量会逐渐被取代。

广联达软件算量在具体的应用过程中，主要是将绘图以及CAD识图两者相结合，实现绘图以及识图的功能。并且利用该软件还能够实现对各个省份所产生的一些清单以及库存进行相关构件的计量，相关的工程造价核算人员在广联达软件算量的影响下，只需要严格依照相关图纸的要求，并结合软件定义界面的要求来进行相关构件属性的确定即可。然后在构件的属性确定后，就可以在正式的绘图区域进行绘图工作，同时针对软件严格地按照相关的计算原则进行设置，从而可以自动地计算出相应的工程量。这样不仅能够使得造价人员可以及时有效地发现相关的绘制问题，同时也能够使得计算的过程相应缩短，使得计量更加精确。

另外，由于广联达软件算量在目前的市政工程中应用较为普遍，所以，相关的软件公司也建构了专门的共享平台，使得相关人员可以互相交流经验，从而使得工程造价的核算工作能够更加顺利而高效地开展。

5. 广联达软件在工程造价中应用意义

广联达软件在工程造价中的应用不仅使得使用简便，而且加快了概预算的编制速度，极大地提高了工作效率。

目前市场推出的工程造价方面的软件主要有套价软件、工程量计算软件和钢筋翻样软件，其中套价软件和钢筋翻样软件比较成熟，普及率很高，而工程量计算软件相对普及率较低，这是由于工作的复杂性、软件价格和可操作性等多种因素造成的。

14.1.2　广联达市政算量软件 GMA2021

音频 14-2：钢筋算量软件的基本原理和思路

1. 概况

广联达 BIM 市政算量 GMA2021 是基于三维一体化建模，集成多地区、多专业的专业化算量软件，目前可完整处理道路、排水专业、综合管廊、简支梁桥、池渠类构筑物结构工程量；通过导入电子图纸、批量输入、三维建模、三维编辑、内置规则、直接出量、扩展运用等方式，为市政造价人员提供了一套高效实用的算量平台，引领市政造价步入电算化时代。

2. 核心优势

1）BIM 建模，三维计算。三维建模，所见即所得，形象展示构件间相互位置关系。

2）内置图集，专业精准。内置国标省标图集，可灵活调整精准算量。

3）内嵌规则，轻松高效。内嵌清单、各地定额计算、汇总规则，自动计算，同时提供专业报表，方便查量。

4）多种导入，方式多样。支持 CAD 识别、PDF、图片描图，蓝图信息录入，满足用户多样化算量需求。

5）量价一体，数据互通。与广联达计价实现数据互通，量价一体，集成了清单定额的量价 BIM 模型，发挥更大价值。

3. 基本模块

（1）道路工程

1）通过一键识别建立真实道路（路面、路缘石、树池），广场铺装三维模型，快速实现不规则路面、结构加宽计算，自动处理路面结构层与路缘石、树池扣减。

2）通过识别道路平面设计图、纵断面导入实测原地面数据或识别横断面图，形成真实三维模型，应用断面法原理，按照实际模型自动计算填、挖、运土石方及护坡、清表、路基换填等工程量。

（2）排水工程

1）内置各地计算规则、汇总规则，实现井管、沟槽（井位增加土方计算原则、同槽、反挖等）工程量计算。

2）通过识别排水平面图、纵断面图，一键提取基础数据（管底标高、设计/原地面标高、长度等），自动生成真实三维模型直接出量。

3）道路、排水模型碰撞数据引用（排水取道路标高），自动扣减计算。

（3）综合管廊、构筑物工程

1）通过识别或截面绘制、参数图定义建立三维模型，智能布置到图纸相应位置。按真实模型计算结构主体、附属及措施项工程量。

2）可实现综合管廊、沟渠、池类、挡土墙等结构快速算量。

（4）桥梁工程　通过自定义参数图和 CAD 识别三视图、截面图、快速定义构件截面（桩基、承台、墩台身、墩台帽、梁、盖梁、耳背墙、支座、空心板、T 形梁、箱梁、锥形护坡），智能布置形成三维模型。清晰完整显示工程量及其计算公式。

14.2　广联达 BIM 市政算量

14.2.1　BIM 在市政工程造价的价值

“工程造价”是工程建设项目管理的核心指标之一，工程造价管理依托于两个基本工作：工程量统计和工程计价。BIM 技术的成熟推动了工程软件的发展，尤其是工程造价相关软件的发展。传统的工程造价软件是静态的、二维的，处理的只是预算和结算部分的工作，对于工程造价过程管控几乎不起任何作用。BIM 技术的引入使工程造价软件发生了根本性的改变。第一是从 2D 工程量计算进入 3D 模型工程量计算阶段，完成了工程量统计的 BIM 化；第二是逐渐由 BIM4D（3D+时间/进度）建造模型进一步发展到了 BIM5D（3D+成本+进度）全过程造价管理，实现工程建设全过程造价管理 BIM 化。

音频 14-3：BIM 技术在造价方面的应用价值

使用 BIM 技术对工程造价进行管理，首先需要集成三维模型、施工进度、成本造价三个部分于一体，形成 BIM5D 模型，这样才能够真正实现成本费用的实时模拟和核算，也能够为后续施工阶段的组织、协调、监督等工作提供有效的信息。项目管理人员通过 BIM5D 模型在开始正式施工之前就可以确定不同时间节点的施工进度与施工成本，可以直观地按月、按周、按日观看到项目的具体实施情况，即形象进度，并得到各时间节点的造价数据，很好地避免设计与造价控制脱节、设计与施工脱节、变更频繁等问题，使造价管理与控制更加有效。BIM 在工程造价管理中的应用价值主要体现在以下几点。

1. 提高工程量计算准确性

对施工项目而言，精确地计算工程量是工程预算、变更签证控制和工程结算的基础，造价工程师因缺乏充分的时间来精确计算工程量而导致预算超支和结算不清的事情屡见不鲜。造价工程师在进行成本和费用计算时可以手工计算工程量，或者将图纸导入工程量计算软件中计算，但不管哪一种方式都需要耗费大量的时间和精力。有关研究表明，工程量计算在整个造价计算过程中会占到 50%～80%的时间。工程量计算软件虽在一定程度上减轻了造价工程师的工作强度，但造价工程师在计算过程中同样需要将图纸重新输入工程量计算软件，这种工作常常造成人为误差。

BIM 是一个包含丰富数据，面向对象的具有智能化和参数化特点的建筑设施的数字化表示，BIM 中的构件信息是可运算的信息。借助这些信息，计算机可以自动识别模型中的不同构件，根据模型内嵌的几何、物理和空间信息，结合实体扣减计算技术，对各种构件的数量进行统计。以墙体的计算为例，计算机可以自动识别软件中墙体的属性，根据模型中有关该墙体的类型和组分信息统计出该段墙体的数量，并对相同的构件进行自动归类。

因此，当需要制作墙体明细表或计算墙体数量时，计算机会自动对它们进行统计，构件所需材料的名称、数量和尺寸，都可以在模型中直接生成，而且这些信息将始终与设计保持一致。BIM 的自动化工程量计算为造价工程师带来的价值主要包括以下几个方面：

1）基于 BIM 的自动化工程量计算方法提高了算量工作的效率，将造价工程师从烦琐的劳动中解放出来，为造价工程师节省更多的时间和精力用于更有价值的工作，如造价分析等。同时，可以及时将设计方案的成本反馈给设计师，便于在设计的前期阶段对成本进行控制。

2）基于 BIM 的自动化工程量计算方法比传统的计算方法更准确，工程量计算是编制工程预算的基础，但计算过程非常烦琐，计算错误会影响后续计算的准确性。自动化算量功能可以使工程量计算工作摆脱人为因素影响，得到更加客观准确的数据。

2. 更好地控制设计变更

传统的工程造价管理中，一旦发生设计变更，造价工程师需要手动检查设计图样，在设计图样中确定关于设计变更的内容和位置，并进行设计变更所引起的工程量的增减计算。这样的过程不仅缓慢、耗时长而且可靠性不强。同时，对变更图样、变更内容等数据的维护工作量也很大，如果没有专门的软件系统辅助，查询非常麻烦。

利用 BIM 技术，造价信息与三维模型数据就进行了一致关联，当发生设计变更时，修改模型，BIM 系统将自动检测哪些内容发生变更，并直观地显示变更结果，统计变更工程量，并将结果反馈给施工人员，使他们能清楚地了解设计图样的变化对造价的影响。例如，设计变更中要求窗户尺寸缩小，该变更将自动反映到所有相关的材料明细表中，造价工程师使用的所有材料需用数量和尺寸也会随之变化。同时，设计变更所产生的数据将自动记录在模型中，与相关联的模型绑定在一起，这样随时可以查询变更的完整信息。使用模型代替图样进行造价计算和变更管理的优势显而易见。

3. 提高项目策划的准确性和可行性

施工项目策划是指根据建设业主总的目标要求，从不同的角度出发，通过对建设项目进行系统分析，对施工建设活动的全过程做预先的考虑和设想，以便在施工活动的时间、空间、结构三维关系中选择最佳的结合点重组资源和展开项目运作，为保证项目在完成后获得满意可靠的经济效益、环境效益和社会效益而提供科学的依据。单个施工项目规模和体量呈现逐步扩大趋势，带来项目的施工周期变长和资金需求量变大，如果要保证工程按期完成，必须有足够的资源及相应的合理化配置作为保证，所以，制订准确可行的施工策划方案对于合理安排资金、材料、设备、劳动力等具有重要的意义。

利用 BIM5D 模型，有利于项目管理者合理安排工程进度计划、资金计划和配套资源计划。具体来讲，就是使用BIM软件快速建立工程实体的三维模型，通过自动化工程量计算功能计算实体工程量，进而结合BIM数据库中的人工、材料、机械等价格信息，分析任意部位、任何时间段的造价。同时，利用BIM数据库，赋予模型内各构件进度时间信息，形成BIM5D模型，我们就可以对数据模型按照任意时间段、任一分部分项工程细分其工程量和造价，辅助工程人员快速地制订项目的资金计划、材料计划、劳动力计划等资源计划，并在施工过程中按照实际进度合理调配资源，及时准确掌控工程成本，高效地进行成本分析及进度分析。同时，利用BIM模型的模拟和自动优化功能，可实现多项目方案的实时模拟，并进行对比、分析、选择和进一步优化，例如通过对多方案的反复比选，优化施工计划，合理利用资金，提高资金的周转率和使用效率。因此，从项目整体上看，通过BIM可提高项目策划的准确性和可行性，进而提升项目的管理水平。

4. 造价数据的积累与共享

在现阶段，造价机构与施工单位完成项目的预算和结算后，相关数据基本以纸质载体或Excel，Word，PDF等载体保存，要么存放在档案柜中，要么存放在硬盘里，它们孤立而分散地存在，查询和使用起来非常不便。

有了BIM技术，就可以形成带有设计和施工全部数据的三维模型资料库，便捷地进行存储，并通过统一的模型入口准确地调用和分析，实现不同业务和不同角色之间的信息共享。BIM数据库的建立是基于对历史项目数据及市场信息的积累，有助于施工企业高效利用项目信息模型，快速生成业主方需要的各种进度报表、结算单、资金计划，避免施工单位每月都花大量时间核实这些数据。

同时，施工企业可以从公司层面统一建立BIM数据库，通过造价指标抽取，为同类工程提供对比指标；也可以方便地为新项目的投标提供可借鉴的历史报价参考，避免由于企业造价专业人员流动带来的重复劳动和人工费用增加。在项目建设过程中，施工单位也可以利用BIM技术按某时间、某工序、特定区域进行工程造价管理，做到项目精细化管理。正是BIM这种统一的项目信息存储平台，实现了信息的积累、共享及管理的高效便捷。

5. 提高项目造价数据的时效性

在工程施工过程中，从项目策划到工程实施，从工程预算到结算支付，从施工图样到设计变更，不同的工作、阶段或业务，都需要能够及时准确地获取项目的造价信息，而施工项目的复杂性使得传统的项目管理方式在特定阶段获取特定造价信息的效率非常低下。

BIM技术的核心是一个由计算机三维模型所形成的数据库。这些数据库信息在建筑全寿命过程中会随着施工进展和市场变化进行动态调整，相关业务人员调整BIM模型数据后，所有参与者均可实时地共享更新后的数据。数据信息包括任意构件的工程量和造价，任意生产要素的市场价格信息，某部分工作的设计变更，变更引起的其他数据变化等。BIM这种富有时效性的共享数据平台的工作方式，改善了沟通方式，使项目工程管理人员及项目造价人员及时、准确地筛选和调用工程基础业务数据成为可能。也正是这种时效性，大大提高了造价基础数据的准确性，从而提高了工程造价的管理水平，避免了传统造价模式与市场脱节、二次调价等问题。

6. 支持不同阶段的成本控制

BIM模型丰富的参数信息和多维度的业务信息能够辅助不同阶段和不同业务的成本控制。在施工项目投标过程中，投标造价的合理性至关重要。在充分理解施工图样基础上，将设计图样中的项目构成要素与 BIM 数据库积累的造价信息相关联，可以按照时间维度，按任一分部、分项工程输出相关的造价信息，自动统计指标信息，对于投标造价成本的合理性分析和审核具有重要意义。

在设计交底和图样会审阶段，传统的图样会审是基于二维平面图进行的，且各专业图分开设计，仅凭借人为检查很难发现问题。BIM 的引入，可以把各专业设计模型整合到一个统一的 BIM 平台上，设计方、承包方、监理方可以从不同的角度审核图样，利用 BIM 的可视化模拟功能进行各专业碰撞检查，及时发现不符合实际之处，降低设计错误数量，极大地减少了理解错误导致的返工费用，避免了工程实施中可能发生的各类变更，做到成本的事前控制。

在施工过程中，材料费用通常占预算费用的 70%，占直接费的 80%，比重非常大。因此，如何有效地控制材料消耗是施工成本控制的关键。通过限额领料可以控制材料浪费，但是在实际执行过程中往往效果并不理想。原因就在于配发材料时，由于时间有限及参考数据查询困难，审核人员无法判断报送的领料单上的每项工作消耗的数量是否合理，只能凭主观经验和少量数据大概估计。通过 BIM 技术，审核人员可以利用 BIM 的多维模拟施工计算，快速准确地拆分汇总并输出任一细部工作的消耗量标准，真正实现限额领料的初衷，真正做到成本的过程控制。

7. 支撑不同维度多算对比分析

工程造价管理中的多算对比对于及时发现问题、分析问题、纠正问题并降低工程费用至关重要。多算对比通常从时间、工序、空间三个维度进行分析对比，只分析一个维度可能发现不了问题。比如某项目上月完成 600 万元产值，实际成本 450 万元，总体效益良好，但很有可能某个子项工序预算为 90 万元，实际成本却发生了 100 万元。这就要求我们不仅能分析一个时间段的费用，还要能够将项目实际发生的成本拆分到每个工序中。又因为项目经常按施工段进行区域施工或分包，这又要求我们能按空间区域或流水段统计、分析相关成本要素。当从这三个维度进行统计及分析成本情况，需要拆分、汇总大量实物消耗量和造价数据，仅靠造价人员人工计算是难以完成的。

要实现快速、精准的多维度多算对比，需利用 BIM5D 技术和相关软件。对 BIM 模型各构件进行统一编码，在统一的三维模型数据库的支持下，从最开始就进行模型、造价、流水段、工序和时间等不同纬度信息的关联和绑定，在过程中，能够以最少的时间实时实现任意维度的统计、分析和决策，保证多维度成本分析的高效性和精准性，以及成本控制的有效性和针对性。

14.2.2 广联达 BIM 模型创建

1. 参数化建模

图形由坐标确定，这些坐标可以通过若干参数来确定。例如要确定一扇窗的位置，可以简单地输入窗户的定位坐标，也可以通过几个参数来定位。例如放在某段墙的中间、窗台高度 900mm、内开，这样这扇窗在这个项目的生命周期中就跟这段墙发生了永恒的关系，除非被重新定义，而系统则把这种永恒的关系记录了下来。

参数化建模用专业知识和规则（而不是几何规则确定的是一种图形生成方法，例如两个形体相交得到一个新的形体等）来确定。宏观层面我们可以总结出参数化建模具有如下几个特点。

1）参数化对象是有专业性或行业性的，例如门、窗、墙等，而不是纯粹的几何图元（因此基于几何元素的 CAD 系统可以为所有行业所用，而参数化系统只能为某个专业或行业所用）。

2）这些参数化对象（在这里就是建筑对象）的参数是由行业知识（Dimain Knowledge）来驱动的，例如，门窗必须放在墙里面，钢筋必须放在混凝土里面，梁必须要有支撑等。

3）行业知识表现为建筑对象的行为，即建筑对象对内部或外部刺激的反应，例如层高变化楼梯的踏步数量自动变化等。

参数化对象对行业知识广度和深度的反应模仿能力决定了参数化对象的智能化程度，也就是参数化建模系统的参数化程度。

微观层面，参数化模型系统具备下列几个特点。

1）可以通过用户界面（而不是像传统 CAD 系统那样必须通过 API 编程接口）创建形体，以及对几何对象定义和附加参数关系和约束，创建的形体可以通过改变用户定义的参数值和参数关系进行处理。

2）用户可以在系统中对不同的参数化对象（例如一堵墙和一扇窗）之间施加约束。

3）对象中的参数是显式的，这样某个对象中的一个参数可以用来推导其他空间上相关的对象的参数。

4）施加的约束能够被系统自动维护。例如两墙相交，一墙移动时，另一墙体需自动缩短或增长以保持与之相交。

5）是 3D 实体模型等。

2. BIM 建模流程

创建 BIM 模型是一个从无到有的过程，而这个过程需要遵循一定的建模流程。建模流程一般需要从项目设计建造的顺序、项目模型文件的拆分方式和模型构件的构建关系等几个方面来考虑。

本节主要介绍 Revit 建模时需要考虑的工作流程。

目前国内工程项目一般都采用传统的项目流程“设计→招标→施工→运营”，BIM 模型也是在这个过程中不断生成、扩充和细化的。当一个项目在设计的方案阶段就生成有方案模型，则之后的深化设计模型、施工图模型，甚至是施工模型都可以在此基础上深化得到。对于项目中的不同专业团队，共同协作完成 BIM 模型的建模流程一般就按先土建后机电、先粗略后精细的顺序来进行。

考虑到项目设计建造的顺序，Revit 建模流程通常如图 14-2 所示。首先确定项目的轴网，也就是项目坐标。对于一个项目，不管划分成多少个模型文件，所有的模型文件的坐标必须是唯一的，只有坐标原点唯一，各个模型才能精确整合。通常，一个项目在开始以前需要先建立一个唯一的轴网文件作为该项目坐标的基准，项目成员都要以这个轴网文件为参照进行模型的建立。

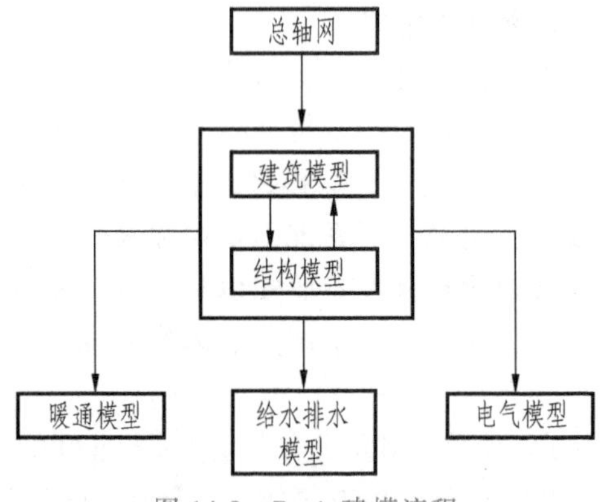

图 14-2　Revit 建模流程

这里还要特别说明一下的是，与传统 CAD 不同，Revit 软件的轴网是有三维空间关系的。所以，Revit 中的标高和轴网是有密切关系的，或者说 Revit 的标高和轴网是一个整体，通过轴网的“3D”开关控制轴网在各标高的可见性。因此，在创建项目的轴网文件时，也要建立标高，并且遵循“先建标高，再建轴线”的顺序，可以保证轴线建立后在各标高层都可见。

建好轴网文件后，建筑专业人员就开始创建建筑模型，结构专业人员创建结构模型，并在 Revit 协同技术保障下进行协调。建筑和结构专业模型是一个 Revit 文件，也可以分为两个专业文件，或是更多更细分的模型文件，这主要取决于项目的需要而定。当建筑和结构模型完成后，水暖电专业人员在建筑结构模型基础上在完成各自专业的模型。

由于 BIM 模型是一个集项目信息大成的数据集合体，与传统的 CAD 应用相比，数据量要大得多，所以很难把所有项目数据保存成一个模型文件，而需要根据项目规模与项目专业拆分成不同的模型文件。所以建模流程还与项目模型文件的拆分方式有关，如何拆分模型文件就要考虑团队协同工作的方式。

在拆分模型过程中，要考虑项目成员的工作分配情况和操作效率。模型尽可能细分的好处是可以方便项目成员的灵活分工，另外单个模型文件越小，模型操作效率越高。通过模型的拆分，将可能产生很多模型文件，从几十到几百个文件不等，而这些文件有一定的关联关系，这里要说明一下 Revit 的两种协同方式——“工作集”和“链接”。

这两种方式各有优缺点，但最根本的区别是：“工作集”允许多人同时编辑相同模型，而“链接”是独享模型，当某个模型被打开时，其他人只能“读”而不能“改”。

理论上讲“工作集”是更理想的工作方式，既解决了一个大型模型多人同时分区域建模的问题，又解决了同一模型可被多人同时编辑的问题。而“链接”只解决了多人同时分区域建模的问题，无法实现多人同时编辑同一模型。但由于“工作集”方式在软件实现上比较复杂，对团队的 BIM 协同能力要求很高，而“链接”方式相对简单、操作方便，使用者可以依据需要随时加载模型文件，尤其是对于大型模型在协同工作时，性能表现较好，特别是在软件的操作响应上。

最后，Revit 建模流程还与模型构件的构建关系有关。

作为 BIM 软件，Revit 将建筑构件的特性和相互的逻辑关系放到软件体系中，提供了常用的构件工具，比如“墙”“柱”“梁”“风管”等。每种构件都具备其相应的构件特性，比如结构墙或结构柱是要承重的，而建筑墙或建筑柱只起围护作用。一个完整的模型构件系统实际就是整个项目的分支系统的表现，模型对象之间的关系遵循实际项目中构件之间的关系，例如门窗只能够建立在墙体之上，如果删除墙，放置在其上的门窗也会被一起删除，所以建模时就要先建墙体再放门窗。例如消火栓族的放置，如果该族为一个基于面或基于墙来制作的族，那么放置时就必须有一个面或一面墙作为基准才能放置，建模时也得按这个顺序来建。

建模流程是很灵活和多样的，不同的项目要求、不同的 BIM 应用要求、不同的工作团队都会有不同的建模流程，如何制定合适的建模流程需要在项目实践中去探索和总结，也需要 BIM 项目实战经验的积累。

14.2.3　市政算量软件 GMA2021 基本操作流程

1. 工程信息

（1）进入软件　打开桌面市政软件 GMA2021，然后在新建工程界面填写工程名称、选择计算规则，如图 14-3 所示。

（2）工程信息编辑　在软件界面选择工程设置中的基本设置-工程信息，进行功能触发，如图 14-4 所示，然后在弹出的界面中进行工程信息、计算规则、编制信息等工程相关信息编辑，如图 14-5 所示。

新建工程
工程名称： 市政
工程地区： 河南
计算规则
清单规则： 市政工程计量规范计算规则(2013-河南)
定额规则： 河南省市政工程预算定额计算规则(2016)
创建工程 取消

图 14-3 新建工程界面

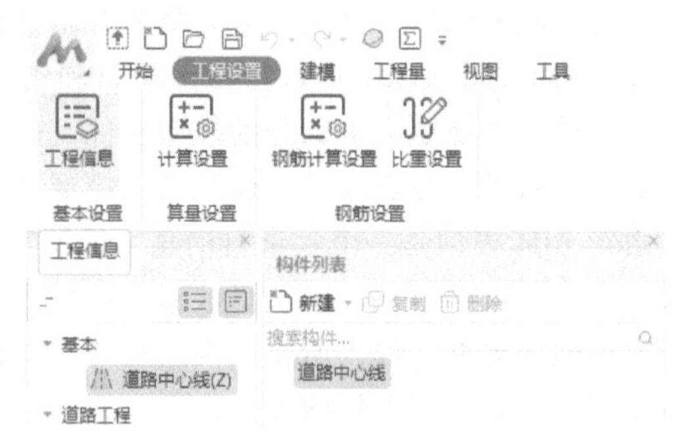

图 14-4 功能触发

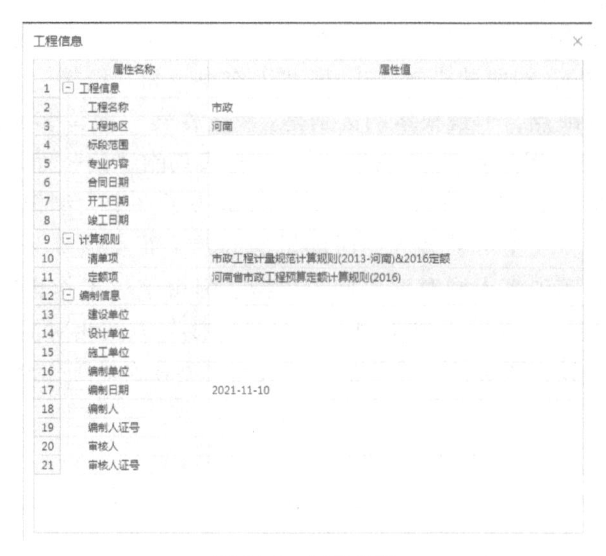
工程信息

	属性名称	属性值
1	⊟ 工程信息	
2	工程名称	市政
3	工程地区	河南
4	标段范围	
5	专业内容	
6	合同日期	
7	开工日期	
8	竣工日期	
9	⊟ 计算规则	
10	清单项	市政工程计量规范计算规则(2013-河南)&2016定额
11	定额项	河南省市政工程预算定额计算规则(2016)
12	⊟ 编制信息	
13	建设单位	
14	设计单位	
15	施工单位	
16	编制单位	
17	编制日期	2021-11-10
18	编制人	
19	编制人证号	
20	审核人	
21	审核人证号	

图 14-5 信息编辑

2. 图纸管理

（1）添加图纸　将多种格式的电子图纸导入软件，基于图纸进行建模，支持的电子图纸的格式有“＊. dwg”“＊. dxf”“＊. cadi2”“＊. gad”“＊. dwg”“＊. dxf”这两个是 CAD 软件保存的格式；“＊. cadi2”“＊. gad”这两个属于广联达算量软件分割后的保存格式。

第一步：添加图纸位置，如图 14-6 所示。

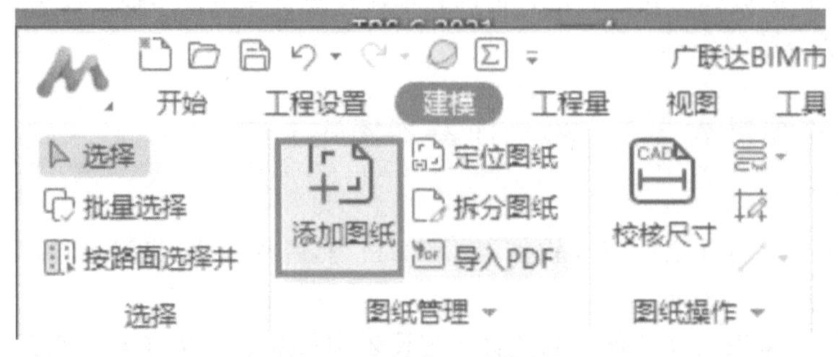

图 14-6 添加图纸位置

第二步：选择电子图纸所在的文件夹，并选择需要导入的电子图，单击“打开”即可导入，如图 14-7 所示。

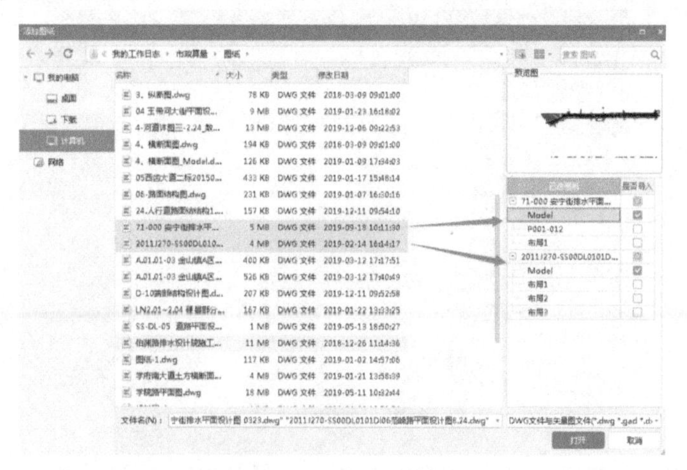

图 14-7　选择电子图纸

注意：1）选择图纸支持单选、Shift 或 Ctrl+左键多选。

2）窗体右侧区域可以选择导入图纸的模型或布局，默认导入模型。

第三步：导入图纸后，在绘图区上方以类似 CAD 快看的形式显示并排列图纸，单击可加载图纸，如图 14-8 所示。

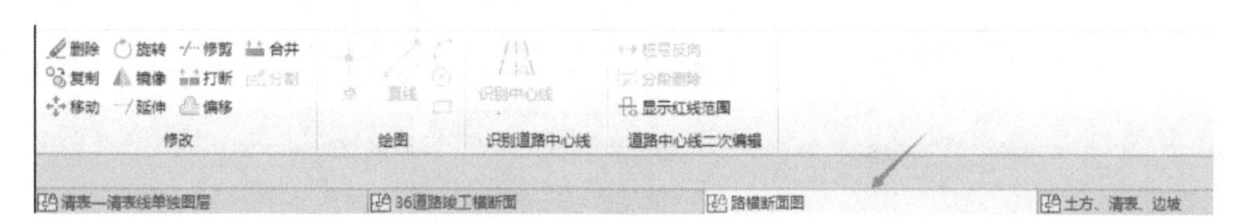

图 14-8　加载图纸

（2）插入图纸　工程中一些参数图和平面图、设计图不在一张图中时，通过插入图纸来完成。定位图纸之前，如果两个图纸不在一起的话，需要先插入图纸。

操作步骤：

第一步：触发功能，如图 14-9 所示。

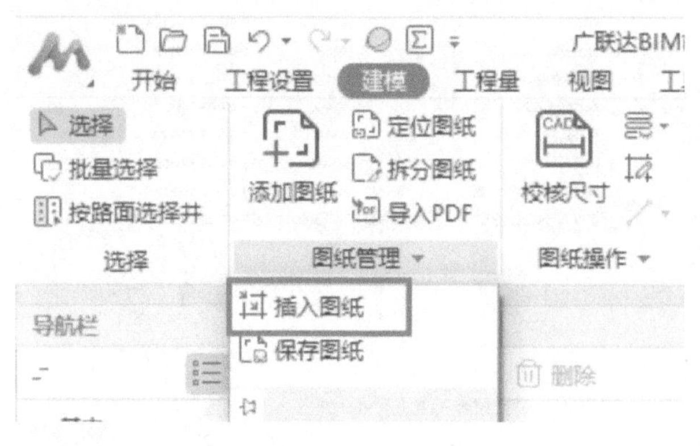

图 14-9　插入图纸功能触发

第二步：选择要插入的图纸，单击“打开”，图纸会以与当前图纸相同的比例值加载进去，如图 14-10 所示。

图 14-10 选择插入图纸

（3）导入 PDF 有些地区只能拿到 PDF 图纸，但是 PDF 图纸一般都是多页，软件中可以通过选择页数，导入需要的 PDF，从而提高导图效率。

第一步：触发功能，如图 14-11 所示。

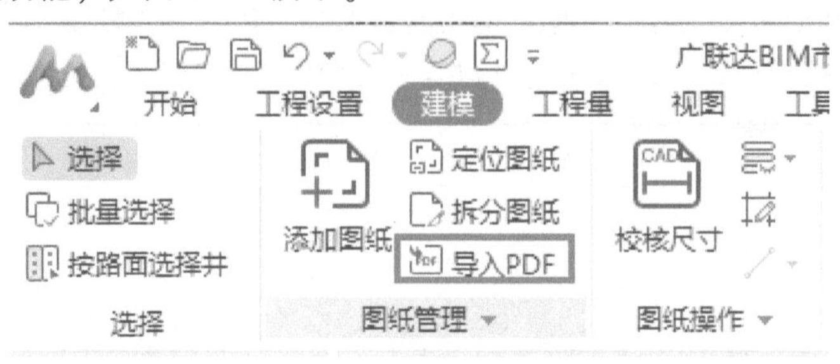

图 14-11 导入 PDF 位置

第二步：选择需要导入的 PDF 文件（只能选择一个文件），单击“打开”，如图 14-12 所示。

图 14-12 选择 PDF 文件

第三步：单击页数，右侧可看到预览图，然后勾选要导入的页数，如图 14-13 所示。

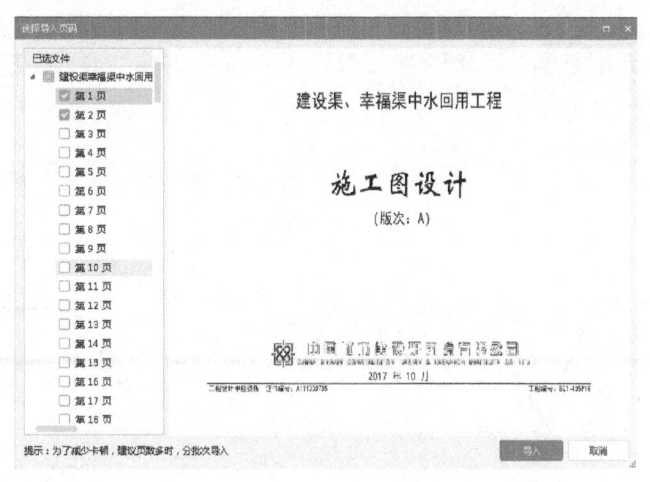

图 14-13 选择页数

第四步：单击“导入”，即可将所选中的页数内容全部导入软件。

（4）定位图纸　当道路工程排水工程同期施工时，可以将道路工程和排水工程模型建在一起，软件可以根据计算设置进行扣减计算。

第一步：触发功能，如图 14-14 所示

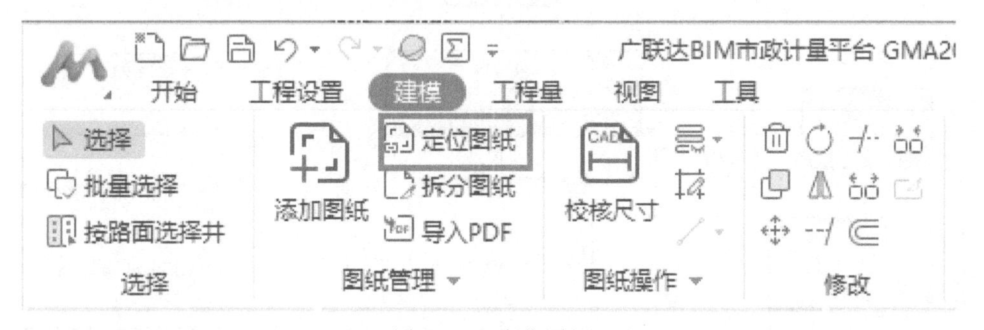

图 14-14 定位图纸

第二步：选择移动方式【部分移动】、【旋转】、【图元随图纸移动】，如图 14-15 所示。

1）三个选项都不选择时，图纸平移。

2）选择【部分移动】，则需要框选需要移动的部分图纸，再进行平移。

3）选择【旋转】，当需要移动的图纸和目标位置有角度时，则选择【旋转】，则可以实现两点定位。

4）选择【图元随图纸移动】，则已经绘制的图元（例如道路结构、井、管）随着图纸一起移动。

如选择【旋转】，则先选择需要移动图纸的第一个点和第二个点，再选择目标位置的第一点和第二个点，如图 14-16 所示。

3. 工程建模

（1）道路中心线　道路中心线建模流程，如图 14-17 所示。

（2）路面　路面建模流程，如图 14-18 所示。

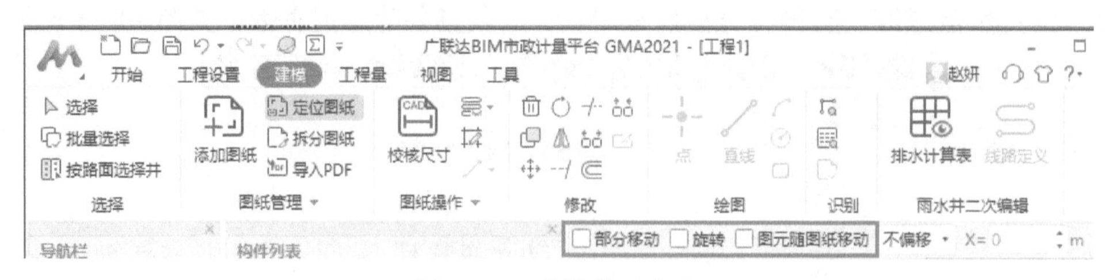

图 14-15　选择移动方式

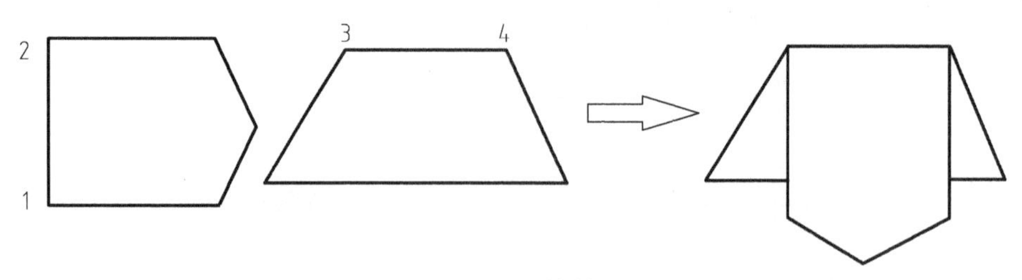

图 14-16　旋转

（3）路缘石　路缘石建模流程，如图 14-19 所示。

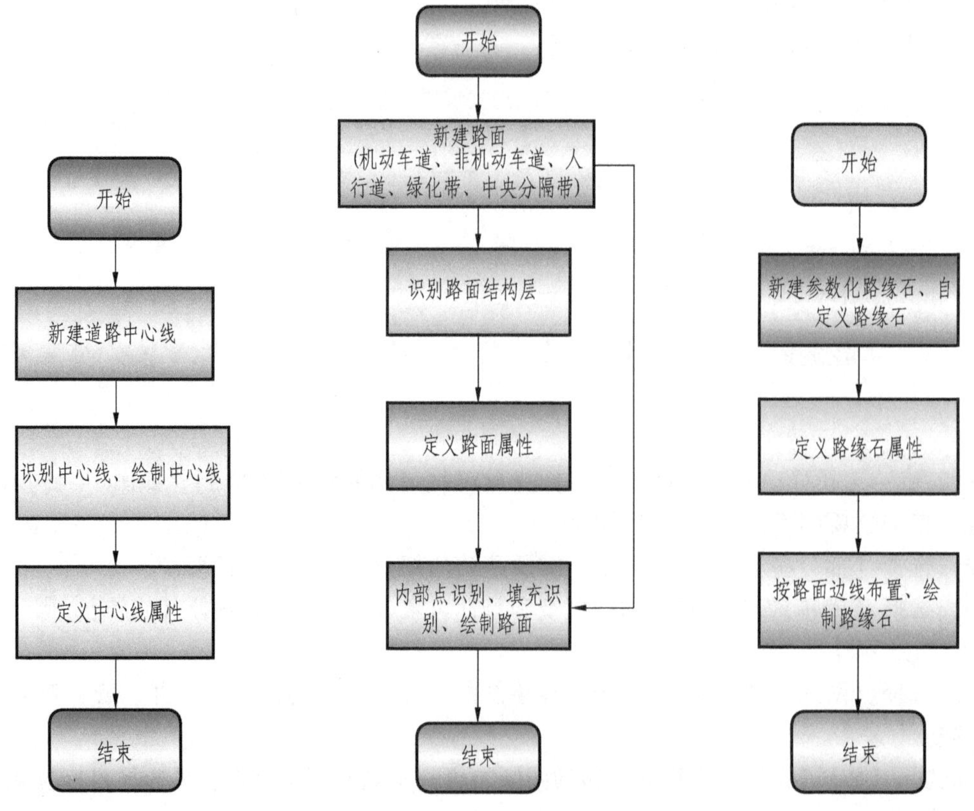

图 14-17　道路中心线建模流程　　图 14-18　路面建模流程　　图 14-19　路缘石建模流程

（4）树池　树池建模流程，如图 14-20 所示。

（5）路基　路基建模流程，如图 14-21 所示。

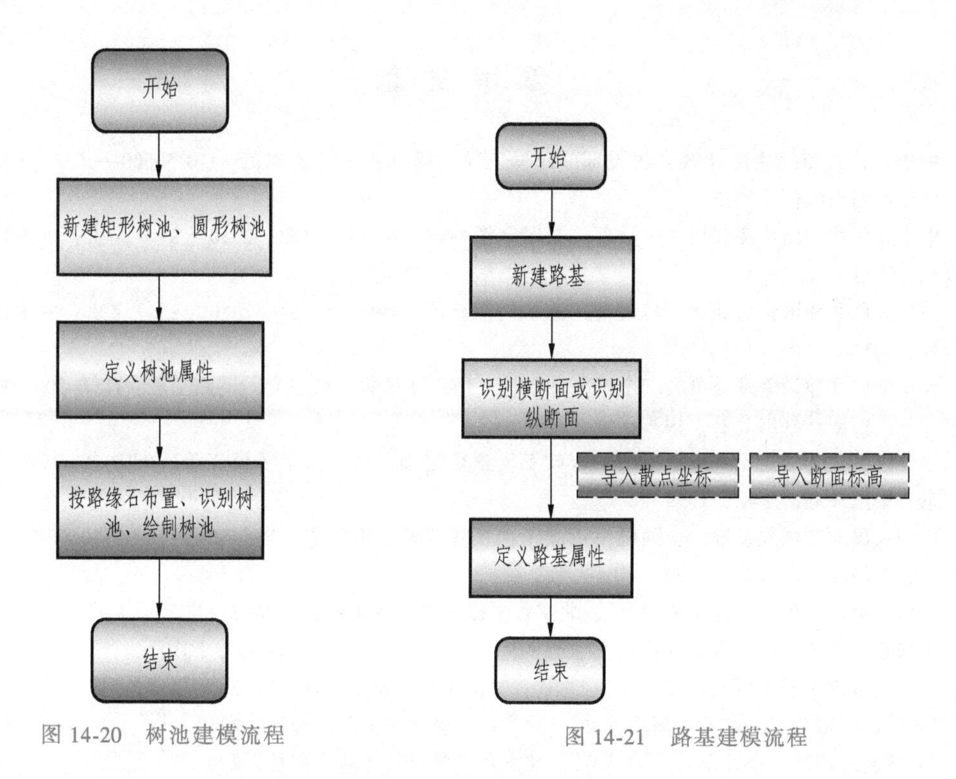

图 14-20　树池建模流程

图 14-21　路基建模流程

其余构件建模操作与以上构件类似，可参考上述操作。

参 考 文 献

[1] 中华人民共和国住房和城乡建设部. 建设工程工程量清单计价规范：GB 50500—2013 [S]. 北京：中国计划出版社，2013.

[2] 中华人民共和国住房和城乡建设部. 总图制图标准：GB/T 50103—2010 [S]. 北京：中国计划出版社，2011.

[3] 中华人民共和国住房和城乡建设部. 建筑制图标准：GB/T 50104—2010 [S]. 北京：中国计划出版社，2011.

[4] 天津市城乡建设管理委员会. 全国统一市政工程预算定额：第二册　道路工程：GYD-302-1999 [S]. 北京：中国计划出版社，1999.

[5] 中华人民共和国建设部. 全国统一市政工程预算定额：第三册　桥涵工程：GYD-303-1999 [S]. 北京：中国计划出版社，1999.

[6] 中华人民共和国建设部. 全国统一市政工程预算定额：第四册　隧道工程：GYD-304-1999 [S]. 北京：中国计划出版社，1999.

[7] 张力. 市政工程识图与构造 [M]. 北京：中国建筑工业出版社，2007.

[8] 朱忆鲁. 市政工程计量与计价速学手册 [M]. 北京：中国电力出版社，2010.

[9] 王骏. 市政工程定额与预算 [M]. 北京：中国建筑工业出版社，2003.

[10] 王云江. 市政工程定额与预算 [M]. 北京：中国建筑工业出版社，2010.

[11] 袁建新. 市政工程计量与计价 [M]. 北京：中国建筑工业出版社，2007.

[12] 杨玉衡，王伟英. 市政工程计量与计价 [M]. 北京：中国建筑工业出版社，2006.